全图解 住宅设计思维

（日）石井秀树 著

车彤 译

THE HOUSING DESIGN
HANDBOOK

U0248721

化学工业出版社
·北京·

内容简介

本书精选当代日本优秀的住宅设计实例，剖析日本建筑师那些令人惊叹的设计手法。不仅包括住宅与周围环境、住宅外观设计、空间的开合等基础内容，更独树一帜地介绍了住宅的光影塑造、视线营造、动线设计以及空间氛围和整体印象的营造等新颖的设计方法，全面展现了日本建筑师在住宅设计中的意匠巧思。图解式的内容讲述，每一个知识点都配有建筑师的思考分析图，并以实际采用的设计方案与反面设计方案对照分析，让读者更直观地感受设计者的构思，加深理解与感悟。

无论是建筑设计的初学者还是想要提高设计水准的建筑师，又或是自建住宅的业主，相信都能从本书中得到启发。

图书在版编目（CIP）数据

住宅设计思维全图解/（日）石井秀树著；车彤译
. —北京：化学工业出版社，2022.4（2023.10 重印）
ISBN 978-7-122-40786-3

Ⅰ.①住… Ⅱ.①石… ②车… Ⅲ.①住宅-室内装饰设计-图解 Ⅳ.①TU241-64

中国版本图书馆CIP数据核字（2022）第026518号

THE HOUSING DESIGN HANDBOOK
© HIDEKI ISHII 2019
Originally published in Japan in 2019 by X-Knowledge Co., Ltd.
Chinese (in simplified character only) translation rights arranged with X-Knowledge Co.,
Ltd. TOKYO, through g-Agency Co., Ltd, TOKYO.

北京市版权局著作权合同登记号：01-2020-2938

责任编辑：孙梅戈   装帧设计：卡古鸟设计
责任校对：田睿涵

出版发行：化学工业出版社（北京市东城区青年湖南街 13 号   邮政编码 100011）
印   装：广东省博罗县园洲勤达印务有限公司
889mm×1194mm 1/20 印张10½ 字数330千字 2023年10月北京第1版第4次印刷

购书咨询：010-64518888   售后服务：010-64518899
网   址：http://www.cip.com.cn
凡购买本书，如有缺损质量问题，本社销售中心负责调换。

定   价：98.00元   版权所有   违者必究

前言

当你翻阅本书时，会发现每一小节中都有一张令人印象深刻的建筑照片在等待着你。

首先，请仔细观看案例的照片。然后，想象自己身处照片所展示的空间。之后，再阅读文章。书中简明的标题与正文将阐释照片中空间的设计意图，同时对设计师以何种方式、为了什么目的而创造这个空间进行说明。然而当用文字去解释时，我们往往会以理性而非感觉去理解，与他人分享感官设计的方法真是难上加难。

因此，为了使读者可以更直观地感知空间设计意图，我在书中使用了简单的草图来阐释。具体来说，我将实际采用的设计方案与反面设计方案的草图作对比，以此来凸显设计立意。我希望借此可以唤起读者对照片所展示空间的敏感度，加深知识理解，以便将来看到建筑物照片或实际建筑时，能够获得更广博、更深刻的理解。

通常来说，介绍住宅设计的书籍往往会按房间或区域划分章节。然而，我认为在本书中，如果提醒读者注意特定区域或房间反而会干扰他们对感官设计方案的理解。因此，我以感觉为标准为本书分章节。

无论是从第一页开始阅读本书，还是随意翻开，从任意感兴趣的照片开始看起，都可以体会到其中的乐趣。在本书的最后一章，我详细介绍了自己的住宅，即"雪之下的家"

的设计手法，将本书着力介绍的感官设计方案汇聚在这一栋住宅中。

最后，我希望本书能够帮助那些正在计划修建自家住宅的读者，使他们对建筑师的作品更感亲切。同时，我也期待本书能够帮助建筑初学者去理解设计活动中无法以概念阐释的细腻的感官设计方法。

石井秀树

2019 年 12 月

照片　鸟村钢一

编辑助理　内野正树（ecrimage）

设计　刈谷悠三　平川乡子（neucitora）

目录

细部设计：改变空间的整体印象 ———— 163

▌平面图简称说明

AR	工作室	LN	洗衣房	B	浴室	P	停车场 / 车库
BR	卧室	PTR	食品储藏室	C	中庭	SC	鞋柜
D	餐厅	ST	书房	ENT	玄关	STR	储藏室 / 收纳间
FR	小房间	TR	露台 / 阳台	GR	客卧	UT	盥洗室 / 家务间
K	厨房	WIC	衣帽间	L	起居室	WS	办公室
LFT	阁楼						

家的"内"是与"外"相区别的。

我们保护自己不受"外"中的种种自然威胁以及外敌侵扰。

这也是我们建立家园的根本原因。

而当有了内外之分，在家中收获安全感后，我们却对原本应是威胁的"外界"，有了更多向往与追求。并且，逐渐更向往外界美丽的自然风光。

那么，当我们修建房屋时，舒适的"屋内"与美丽的"外界"究竟有着怎样的关系？从每一块住宅用地出发来解开这一疑问，会让我们的"家"更加丰富、更具魅力。

第 1 章

引入风景：

连接内与外

利用北向自然光，尽享美景

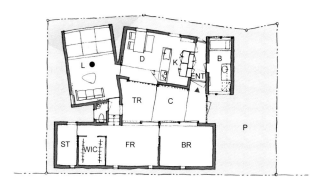

朝南的坡地向阳且景致开阔，备受人们青睐。不过很多时候，景色并不尽如人意。

虽然向阳，但面朝太阳眺望风景时却是逆光，对面的青山便会隐藏在阴影之下，只能看见一片黑暗。

而如果在朝北的坡地上建房子，对面的群山是南向的，顺光远眺，便能将青翠的绿色尽收眼底。

DIAGRAM 示意图

朝北坡地阳光明媚

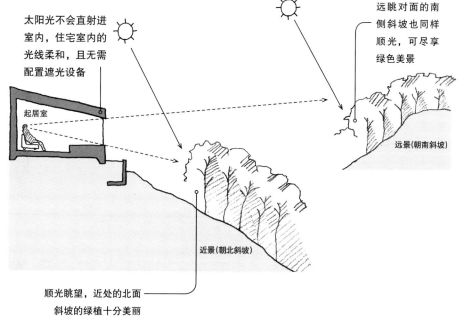

太阳光不会直射进室内，住宅室内的光线柔和，且无需配置遮光设备

起居室

远眺对面的南侧斜坡也同样顺光，可尽享绿色美景

远景(朝南斜坡)

近景(朝北斜坡)

顺光眺望，近处的北面斜坡的绿植十分美丽

朝北庭院和朝南庭院的不同景致

叶表 = 受太阳光线直射的一侧
叶背 = 位于太阳光阴影中的一侧

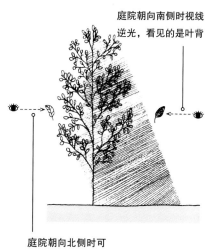

庭院朝向南侧时视线逆光，看见的是叶背

庭院朝向北侧时可以顺光看见叶表

截取景色中最美的一隅

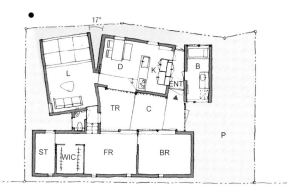

在朝北的坡面上建造的住宅中，可以顺光眺望绿意盎然的美好风光。此处基地的斜坡自东向西陡然下降，景色也随之产生了连续变化，因此东侧和西侧各有其独特的景致。

通过设计较大的建筑开窗，东西两侧的景色仿佛合二为一，成为连续的景观；而通过缩小窗口的视野范围，又可以使人聚焦于各个房间中最佳的视点。如此，在同一栋住宅内便能欣赏到多样的风景。

DIAGRAM 示意图

各窗口的风光各异

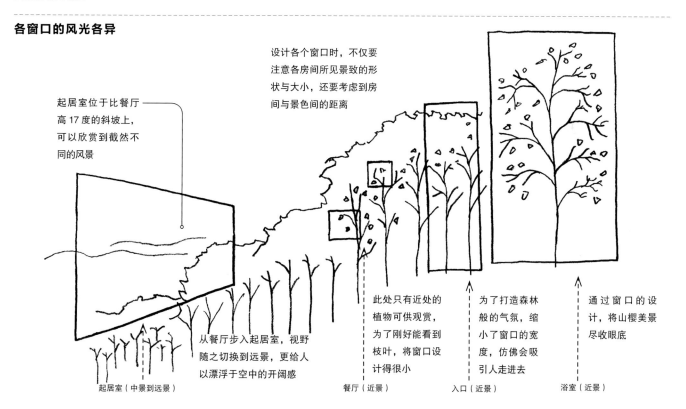

设计各个窗口时，不仅要注意各房间所见景致的形状与大小，还要考虑到房间与景色间的距离

起居室位于比餐厅高 17 度的斜坡上，可以欣赏到截然不同的风景

从餐厅步入起居室，视野随之切换到远景，更给人以漂浮于空中的开阔感

起居室（中景到远景）

此处只有近处的植物可供观赏，为了刚好能看到枝叶，将窗口设计得很小

餐厅（近景）

为了打造森林般的气氛，缩小了窗口的宽度，仿佛会吸引人走进去

入口（近景）

通过窗口的设计，将山樱美景尽收眼底

浴室（近景）

大落地窗设计，山樱花浮现眼前

PLAN 富士见丘的家 1 层 平面图 ◗

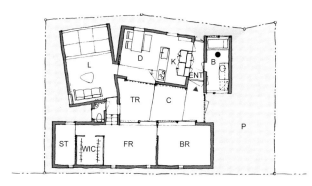

朝北的坡地种有山樱树。浴室的开窗上端直达天花板，在室内就可将山樱花之景尽收于眼底。

这里的天花板高度比一般的住宅更高，不仅方便观景，防潮性能也更好。因为浴室更开阔，有助于潮气消散。在北侧较低的位置设有能打开的窗扇部，南侧则设有高窗，可立体化全方位通风，从而有效除湿。

DIAGRAM 示意图

窗户兼具观景与除湿功能

上下窗口外观相似，功能各异

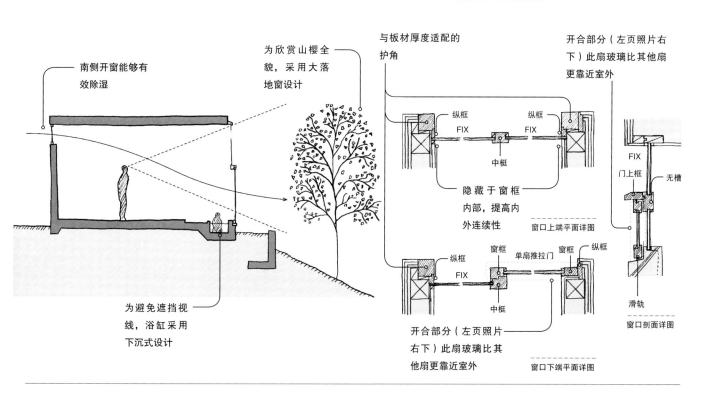

缩窄走廊，让视线聚焦于窗口

PLAN 富士见丘的家 1 层 平面图 🌙

进入玄关后，满目绿色映入眼帘。越向前行，走廊的宽度越窄。采用这种设计主要有以下两个目的。

其一是通过模拟透视的效果，使人更能意识到窗口的距离感，突出空间深度。其二是通过缩窄走廊宽度将视线汇聚于窗口。

因为走廊两侧的门还承担起了墙壁的功能，门与墙板采用相同的板材与设计，省去把手等干扰视线的部件，使门与墙壁融为一体。

DIAGRAM 示意图

隐形门与缩窄的走廊

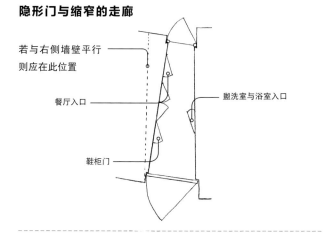

若与右侧墙壁平行则应在此位置

餐厅入口

盥洗室与浴室入口

鞋柜门

隐藏把手，统一设计

墙壁和门的平面详图

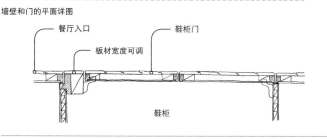

餐厅入口

鞋柜门

板材宽度可调

鞋柜

压缩走廊空间，凸显深度

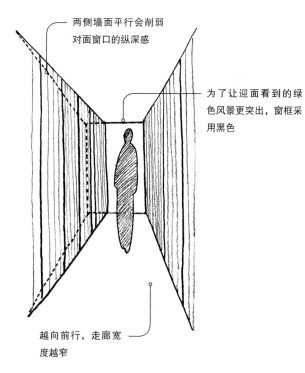

两侧墙面平行会削弱对面窗口的纵深感

为了让迎面看到的绿色风景更突出，窗框采用黑色

越向前行，走廊宽度越窄

减弱窗框的存在感，提高内外

连续性

PLAN 箱森町的家 1 层 平面图 ◗

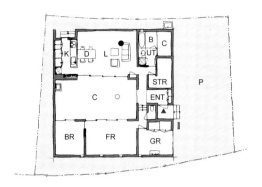

减弱窗框的存在感后，室内外的连续性也自然而然得到了提升，同时可以创造出向天空延伸一般的感觉。为此，我们需要对窗框节点进行精心设计。

上窗框配合天花板的坡度呈梯形，并嵌入天花板中，而天花板与外面的屋檐相接，一同向天空延伸。能够打开的窗扇的上框木材中嵌入了槽钢，提高了整体强度，同时配合窗户玻璃的设计，设有两处T型钢吊杆。

这样一来，即便是大跨度的开窗，上窗框厚度也可以控制在最薄限度，从而削弱其存在感。

DIAGRAM 示意图

精巧的节点设计可以降低窗框的存在感

窗框剖面详图

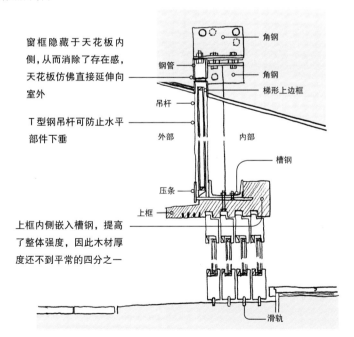

窗框隐藏于天花板内侧，从而消除了存在感，天花板仿佛直接延伸向室外

T 型钢吊杆可防止水平部件下垂

角钢
钢管
角钢
梯形上边框
吊杆
外部　内部
槽钢
压条
上框

上框内侧嵌入槽钢，提高了整体强度，因此木材厚度还不到平常的四分之一

滑轨

打开门窗，室内外融为一体

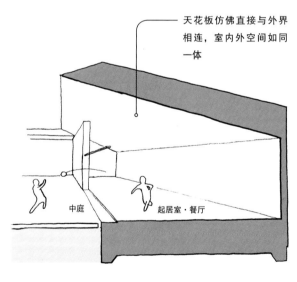

天花板仿佛直接与外界相连，室内外空间如同一体

中庭　　起居室·餐厅

连通

窗框隐形，使内外彻底

内外墙壁一体化的设计消除了箱体空间之间的分割感。通常，玻璃窗都配有窗框，而一旦安上窗框，建筑各部分就被割裂开来，破坏了内外的连贯性。

如果能在地面、墙壁、天花板直接安装玻璃，同时隐去边框的话，空间构成则更加简练，同时兼具连贯性与开阔感。

DIAGRAM 示意图

窗框隐形的节点设计

平面详图   剖面详图

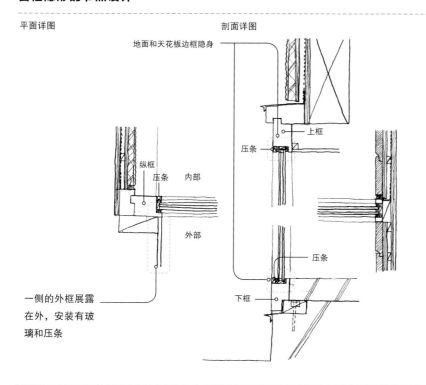

地面和天花板边框隐身

上框

压条

纵框

压条   内部

外部

压条

下框

一侧的外框展露
在外，安装有玻
璃和压条

从中庭望去看不见窗框，内外如同一体

隐去窗框，加强室内与庭院
的整体感

PLAN 鹤岛的家 1 层 平面图 ➥

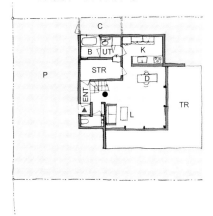

为加强建筑与庭院的整体感，该住宅采用了隐藏窗框的设计。将单扇推拉门的纵框与房间立柱的尺寸统一设计，并与立柱齐平安装。上框藏于天花板内，下框与地面处于同一平面上。

这样在室内便不见窗框，只见立柱，提升了地面与连廊、天花板与屋檐的连续性，增强了室内外的整体感。

DIAGRAM 示意图

纵框藏于立柱后

平面详图

单扇推拉门的两侧是不可移动的玻璃窗

立柱

窗框

内部 外部

单扇推拉门的门框宽度与立柱相同，从内侧看仿佛门框隐身了

上下边框藏于地面、天花板中

剖面详图

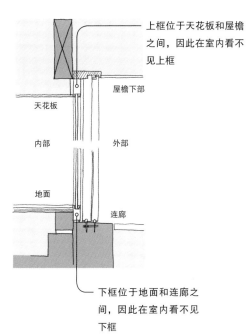

上框位于天花板和屋檐之间，因此在室内看不见上框

屋檐下部

天花板

内部 外部

地面

连廊

下框位于地面和连廊之间，因此在室内看不见下框

长椅相接，提高室内外
的连贯性

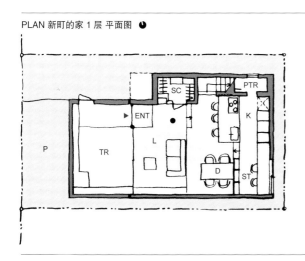

除了用无窗框设计的手法使内与外的墙壁相连，餐厅地板也能与起居室长椅、室外长椅相接。

这样内外相接的设计，模糊了内外边界，使空间感更加开阔，同时也提升了室内外的连贯性。

DIAGRAM 示意图

内外长椅相接

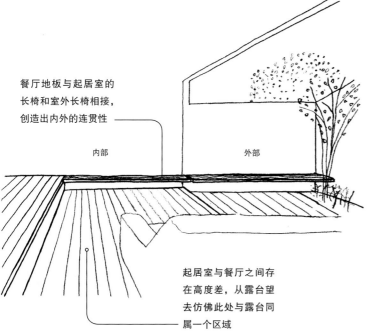

餐厅地板与起居室的长椅和室外长椅相接，创造出内外的连贯性

内部　　　　　　外部

起居室与餐厅之间存在高度差，从露台望去仿佛此处与露台同属一个区域

仅在室内安设长椅

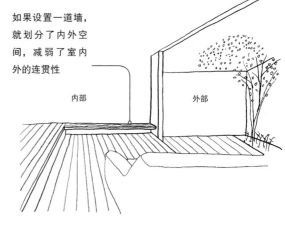

如果设置一道墙，就划分了内外空间，减弱了室内外的连贯性

内部　　　　　　外部

控制成本的同时

还能尽赏风光

PLAN 鹭沼的家 平面图 ◑

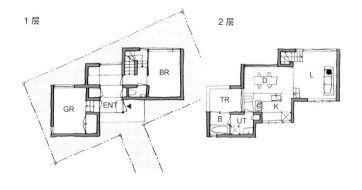

1层

2层

本例住宅没有使用成品铝制窗框，而是选用钢铁和木材等材料，自由设计窗框的形状。然而如果开合部分也使用同种材料制作的话则会大大提高成本。

因此，开合部分我们还是使用了成品铝制窗框，而固定窗框则使用钢铁材料，这样的搭配可以有效控制成本。窗户具有采光、通风、远眺等功能，落地窗还可用于出入往来。本住宅并没有只依靠一扇窗户来满足这些需求，而是将功能分解后再进行设计，为空间带来新的可能性。

DIAGRAM 示意图

在窗户的细节上下功夫

剖面详图

定制窗框使两扇窗相连

平面详图

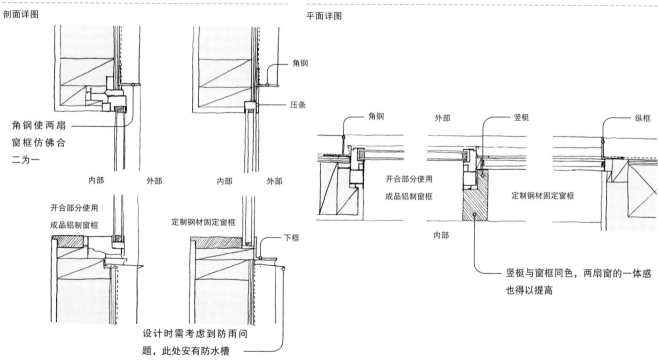

角钢使两扇窗框仿佛合二为一

内部　　外部　　内部　　外部

开合部分使用成品铝制窗框

定制钢材固定窗框

下框

设计时需考虑到防雨问题，此处安有防水槽

角钢　　外部　　竖框　　纵框

开合部分使用成品铝制窗框

定制钢材固定窗框

内部

竖框与窗框同色，两扇窗的一体感也得以提高

连接内外的通道采用

户外风格

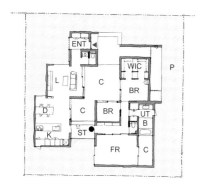

公共区域与私密区域间的通道被用作了书房，采用户外风格设计，以此凸显内与外之间的转换。设计时，通道的墙壁与地面都采用与室外庭院相同的表面装饰材料。收窄出入口的上下左右距离，强调其与外墙饰面的连续性。

在这里专门摆放与通道长度相当的桌子，打造出宛如咖啡店一般的空间，进一步反衬出内外空间的区别。

DIAGRAM 示意图

内部空间更加延展

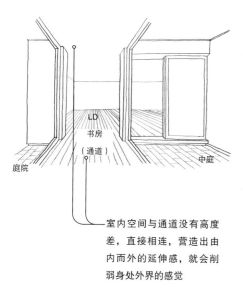

室内空间与通道没有高度差，直接相连，营造出由内而外的延伸感，就会削弱身处外界的感觉

通道户外化

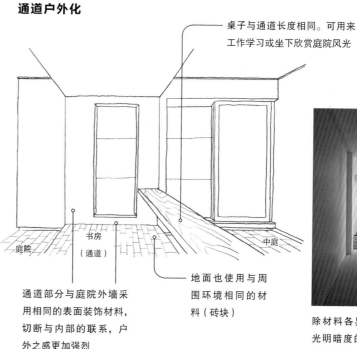

桌子与通道长度相同。可用来工作学习或坐下欣赏庭院风光

通道部分与庭院外墙采用相同的表面装饰材料，切断与内部的联系，户外之感更加强烈

地面也使用与周围环境相同的材料（砖块）

除材料各异之外，采光明暗度的差别进一步凸显出书房与内部空间的不同

将邻家外墙变成
自家风景

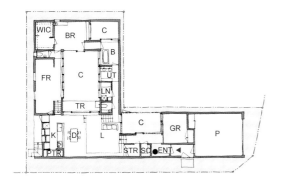

邻居家的外墙，有时也能作为自家景观的一部分。比如把邻居家的墙当作自家院落的背景墙，它就可以起到反射光线的作用。

考虑到邻居家的窗口位置，为了避免两户住宅的窗户相对，我们降低了开窗的高度。同时调整窗口的面积大小，使住户透过窗口只能看见邻居家的墙壁，将这面外墙当作自己家格栅围栏的背景墙。

DIAGRAM 示意图

不调整窗口高度，居室内部一览无余

控制窗口高度，取舍景色

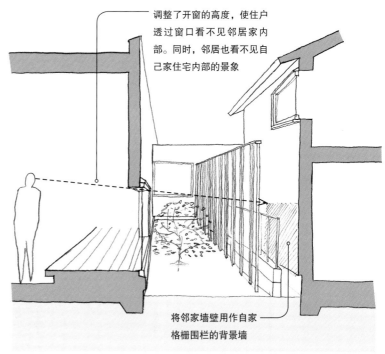

如果不调整开窗的高度，两栋住宅里的人就能看见彼此的居室内部

调整了开窗的高度，使住户透过窗口看不见邻居家内部。同时，邻居也看不见自己家住宅内部的景象

将邻家墙壁用作自家格栅围栏的背景墙

住宅建筑分散布局，居室
融入绿色之中

邻居家南侧庭院的绿植仿佛与这所住宅的绿植连为一体，创造出了一片幽深的绿色空间。

通常建筑物都是靠北而建，庭院靠南，这样住户只能看见自家的庭院。而这所住宅则采用了分散式布局，同时使建筑物的一部分向南侧突出，这样，邻居家与自家的绿植便能交错重叠，相映成趣。

DIAGRAM 示意图

建筑物靠北

如果南侧都是庭院则只能观赏到自家风景

建筑物分散布局，部分靠南

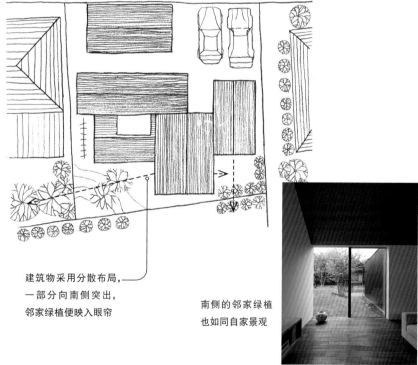

建筑物采用分散布局，一部分向南侧突出，邻家绿植便映入眼帘

南侧的邻家绿植也如同自家景观

开放式庭院使住宅与
外界相连

都市住宅的中庭多为封闭式设计。由于周围绿植充盈，本案例摒弃了一般的封闭式设计，打造出了开放的中庭空间。

我们在住宅用地外围也建设了庭院，并与相邻庭院的绿植和行道树融为一体，扩大了整个街区的绿化面积。住宅的中庭朝向街道开放，这样，庭院的活力便可以传递给街道。同时，原本只停留在中庭内部的视线也能够延伸向外部，强化内外联系的同时，使人感觉更加开阔。

DIAGRAM 示意图

封闭式中庭 视线向中心聚集

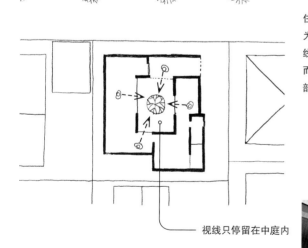

视线只停留在中庭内

庭院向住宅四周敞开

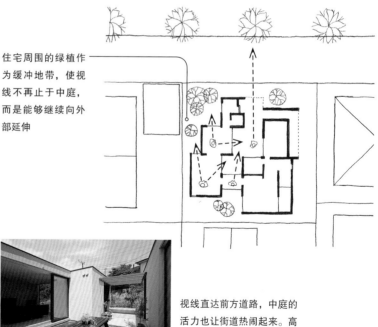

住宅周围的绿植作为缓冲地带，使视线不再止于中庭，而是能够继续向外部延伸

视线直达前方道路，中庭的活力也让街道热闹起来。高度差确保了街上的行人无法直视中庭内部的景象

小巷使两代人同居的
住宅更融洽

PLAN Tama Plaza 的家 1 层 平面图 ☯

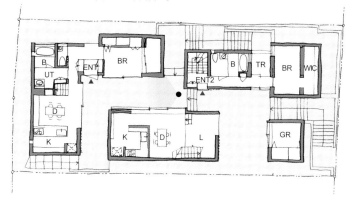

两代同堂的家庭住宅通常采用左右分布、上下分布或是共享中庭空间的设计。这所住宅将穿过整片用地的小巷作为两代人的共享空间。

两栋住宅分别建于小巷两侧。在小巷两侧相对的两个立面上，窗口位置交错排列，以保持适当的私密距离。同时，小巷也向外部街道开放，人们可以轻松走进巷子里，这也有助于两代人间的互动交流。

DIAGRAM 示意图

两代人同居的常见设计

[上下分布型]
以楼层划分各家庭空间是多代同居住宅的典型建造方式。需要考虑上下层的隔音问题

▨▨▨ 父母家
☐ 子女家

[中庭共享型]
中庭共享，有助于促进两代人之间的交流，但由于住宅共同面向中庭，隐私问题尤为重要

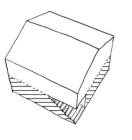

[左右分布型]
两栋相邻住宅共用同一面墙壁，是一种大杂院式的建造方式。两代家庭间的分离感较为强烈

建造穿过住宅用地的小巷

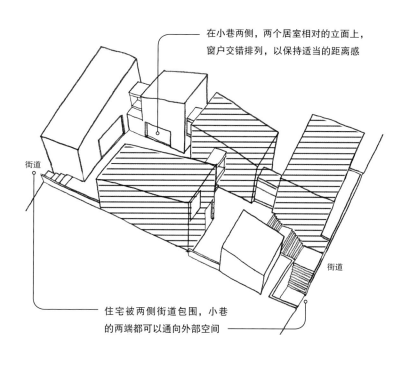

在小巷两侧，两个居室相对的立面上，窗户交错排列，以保持适当的距离感

街道

住宅被两侧街道包围，小巷的两端都可以通向外部空间

街道

阴影与光线相辅相成。

没有了阴影，人们对光的认识也便不复存在。

美丽的光影，

在给空间带来明暗变幻的同时，

也赋予其深度。

光与影的平衡，

赋予了空间丰富的表现力，

使其细腻的质感浮现于眼前。

同时勾勒出的，

还有时时刻刻变化着的时间。

光与影，

本身即为空间。

第 2 章

捕捉光影:

打造空间深度

抬高地面，打造日光良好的中庭空间

PLAN 守谷的家 1 层 平面图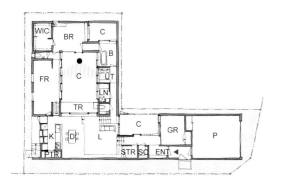

这所住宅通过在中庭填土来抬高地面。户主希望中庭可以拥有一片阳光明媚的草地，然而原本的土地却笼罩在南侧邻居的高屋阴影之下。

如果整体抬高地基高度，不仅会给周围的邻居留下负面印象，同时也浪费成本，还需要向有关部门提交申请。因此，我们只把与周围建筑外沿相接的中庭地面抬高了约1.4米，这样，邻居住宅投下的阴影就变小了。如此便创造出了日照良好的中庭草地。

DIAGRAM 示意图

抬高地面，打造明亮的中庭

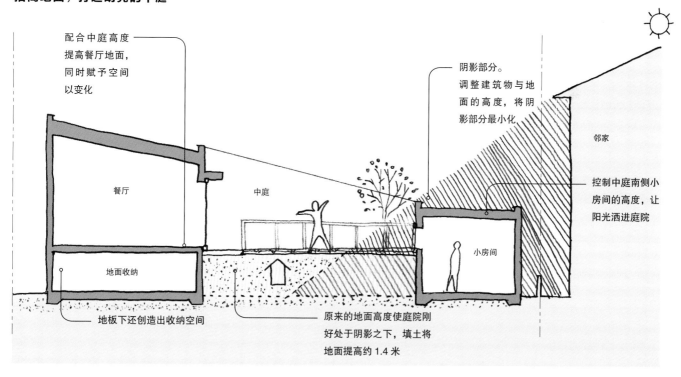

配合中庭高度提高餐厅地面，同时赋予空间以变化

阴影部分。调整建筑物与地面的高度，将阴影部分最小化

邻家

控制中庭南侧小房间的高度，让阳光洒进庭院

餐厅

中庭

小房间

地面收纳

地板下还创造出收纳空间

原来的地面高度使庭院刚好处于阴影之下，填土将地面提高约1.4米

地面下沉，引入光线

住宅用地南侧与道路相接时，人们通常将房间建在北侧，并打造朝向南侧庭院的开放式立面。然而问题在于，这样一来，室内会完全暴露在街上行人的视野之中。

这栋住宅在庭院和道路之间又建造了一座房屋，将其用作遮挡视线的围屋。同时下挖道路一侧房间的地面，使空间整体下沉。屋顶向中庭倾斜，以便光线可以透过庭院顺利进入北侧的房间。而道路一侧房屋的光线几乎全部来自中庭的反射光，柔和的光线创造出宁静的空间氛围。

DIAGRAM 示意图

地面下沉，引入光线

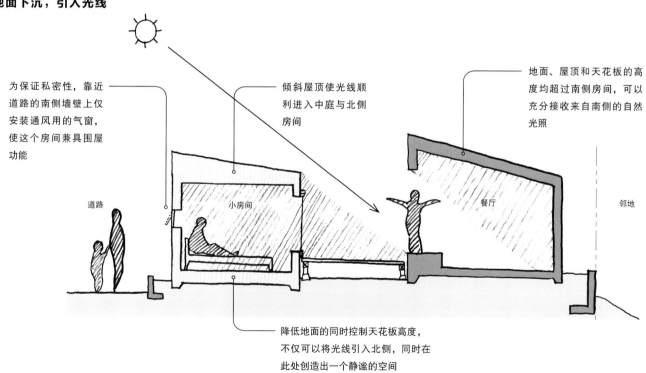

为保证私密性，靠近道路的南侧墙壁上仅安装通风用的气窗，使这个房间兼具围屋功能

倾斜屋顶使光线顺利进入中庭与北侧房间

地面、屋顶和天花板的高度均超过南侧房间，可以充分接收来自南侧的自然光照

道路

小房间

餐厅

邻地

降低地面的同时控制天花板高度，不仅可以将光线引入北侧，同时在此处创造出一个静谧的空间

明暗变幻，营造空间的

深邃感

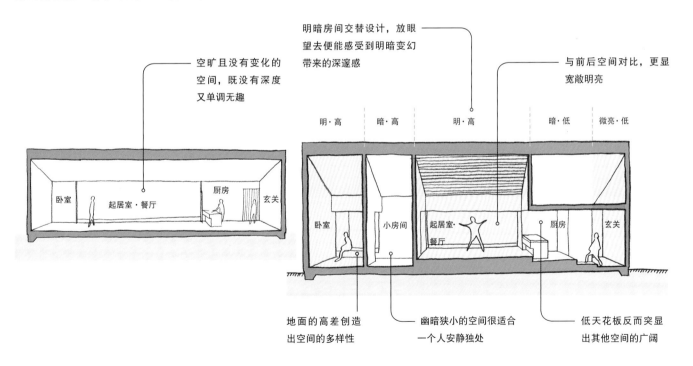

如果一味追求各房间相连通的一体化空间，住宅很容易变得单调且没有深度。本例住宅中，明亮房间和幽暗房间的交替布局赋予了空间明暗变化，这样便自然而然地营造出住宅空间的深邃感。

同时，各个房间的大小，天花板和地面的高度都不尽相同，能够提供丰富多彩的空间体验。

DIAGRAM 示意图

完全打通的一体化设计让人倍感单调

空旷且没有变化的空间，既没有深度又单调无趣

卧室　起居室·餐厅　厨房　玄关

明暗房间交替布局，赋予空间以变化

明暗房间交替设计，放眼望去便能感受到明暗变幻带来的深邃感

与前后空间对比，更显宽敞明亮

明·高　暗·高　明·高　暗·低　微亮·低

卧室　小房间　起居室·餐厅　厨房　玄关

地面的高差创造出空间的多样性

幽暗狭小的空间很适合一个人安静独处

低天花板反而突显出其他空间的广阔

用宽大的屋檐制造阴影，使风景更加鲜明

PLAN 锯南的家 1 层 平面图 ◗

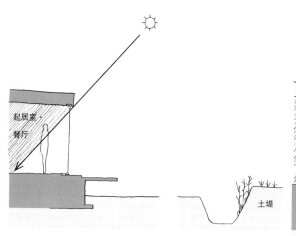

住宅近处周围是略显单调的田园风景，而稍远的土堤背后，则是一望无际的农田、绵延的群山和万里晴空。为凸显秀丽的田园风光，我们抬高了地面高度，安装宽大的屋檐，将开敞部位的视野聚焦。大屋檐不仅能衬托出风景的秀美，同时还在房屋内部投下幽深的阴影。坐在室内向外观望，绵延开来的田园风光之绿与晴空之蓝交相辉映，更显美丽。

DIAGRAM 示意图

缺少屋檐，魅力减半

起居室·餐厅

土堤

如果不安装屋檐，强烈的阳光会照进室内，减弱了室内外的明暗差，也让室外风景黯然失色

大屋檐让室外风景更美丽

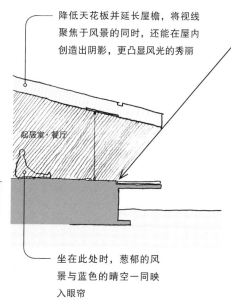

降低天花板并延长屋檐，将视线聚焦于风景的同时，还能在屋内创造出阴影，更凸显风光的秀丽

起居室·餐厅

坐在此处时，葱郁的风景与蓝色的晴空一同映入眼帘

初秋时节，植物会将土堤染成黄色。在设计地面高度时要保证即使植物长高也不会遮挡视线

土堤

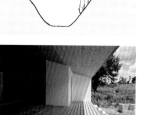

屋檐挡住了夏天的烈日

汇聚北侧阳光，营造
宁静之感

PLAN 东久尾的家 2 层 平面图 ●

这所住宅的室内采光主要依靠从北侧露台反射进来的阳光，而不是南侧光照。

较低的窗口在墙面上投下阴影，营造出宁静的室内空间。仅仅是一扇窗户，只要根据采光方位的不同用心设计，就能创造出截然不同的空间氛围。

DIAGRAM 示意图

如果加上南侧的直射光

如果从南侧窗口引入直射光，室内虽然更加明亮但却削弱了宁静的氛围

露台

起居室

从北侧采光

从北侧进入室内的反射光比直射光更柔和

露台

起居室

地面比露台高度略低，更能创造出宁静的氛围

通过垂壁和增高的墙面将光线汇聚在室内

隐去直接光源，增强期待与深邃感

PLAN 贯井的家 1 层 平面图 ◗

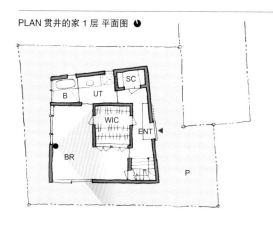

如果在暗处有一道光线，人会无意识地看向光的方向。能看见光，便油然而生一种安心感。而如果能隐藏光源，更会让人的期待感倍增，同时创造出空间向外延伸的效果，让房间更具深邃感。

DIAGRAM 示意图

光源可见削弱了戏剧感

如果可以见到窗户和灯光等直接光源，收获安心的同时却失去了对内部空间的期待，弱化了层次感

不见光源，却见其光

看不见直接光源，让人对前方的空间更加期待

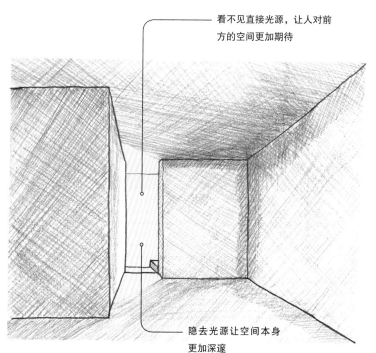

隐去光源让空间本身更加深邃

降低开口，创造阴影

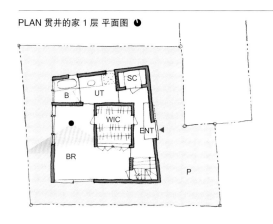

该房间层高仅有2.1米，适当降低开口的位置后，延伸出的垂壁就会自然而然产生阴影，使房间显得更加沉静。

本案例房间的天花板本身较低，如果开口一直延伸至天花板，光线将充满整个房间，反而让空间看起来更加逼仄。另外，如果天花板过于明亮，也会吸引人们的目光，更加凸显空间的低矮与狭小。

DIAGRAM 示意图

延伸至天花板的大开口会突显房间的缺点

控制开口高度，使空间更加宁静

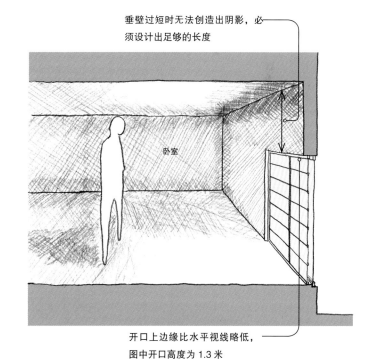

在屋顶较矮的房间里，如果视线范围内都是门和窗户，反倒突出了空间的逼仄和屋顶的低矮

卧室

垂壁过短时无法创造出阴影，必须设计出足够的长度

卧室

开口上边缘比水平视线略低，图中开口高度为 1.3 米

墙壁与屋顶一体化，让阴影更加柔和

PLAN 有马的家（改建）1 层 平面图 ◗

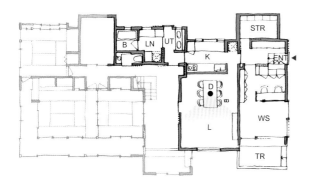

以平滑的拱形曲线连接天花板与墙壁，房间中的光线显得更加柔和。普通房间的墙壁和天花板通常界限分明，阴影的明暗度也有所差别，而拱形连接则模糊了这一分界线，整个空间布满了温和的光线。同时，房间也因这种连贯性而感觉更加宽敞。

DIAGRAM 示意图

普通房间的墙壁与天花板界限分明

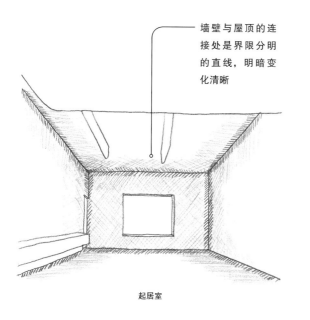

墙壁与屋顶的连接处是界限分明的直线，明暗变化清晰

起居室

天花板与墙壁连接处的拱形设计让空间更加柔和

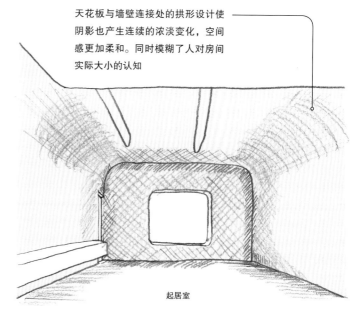

天花板与墙壁连接处的拱形设计使阴影也产生连续的浓淡变化，空间感更加柔和。同时模糊了人对房间实际大小的认知

起居室

平行墙壁创造出明暗变化，增加空间深度

PLAN 常盘的家 1 层 平面图 ➐

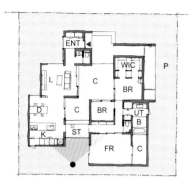

平行的墙壁能够强化空间的层次感。人们的视线会首先停留在眼前的墙壁，随后则移动到位于其后方的墙壁上，这样多重的视点变化使建筑物更具深度。

这种方法在建筑物内部也同样适用。与普通的矩形房间相比，稍微遮挡视线并向内延伸的平行空间更能吸引人深入其中。

DIAGRAM 示意图

直角墙壁空间单调

同一房间如果采用了普通的直角墙壁设计，空间表现方式则会变得单调

与平行墙壁相比，直角墙壁边界感更强烈，缺少通透之感

平行墙壁强化深度

平行墙壁的明暗差各不相同。光影各异的墙壁交替重叠，空间更加具有层次感

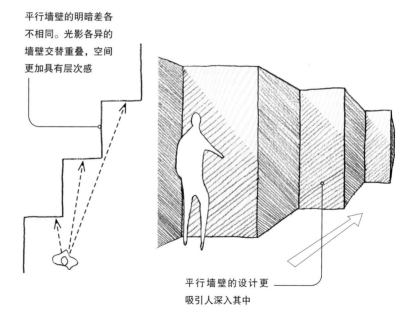

平行墙壁的设计更吸引人深入其中

正因为有了边界，空间才应运而生。然而空间与墙壁、地面、屋顶不同，无法仅依靠物质进行划分。

空间既需要像墙壁一样坚固的边界，使生活在其中能安心。
也需要像光与影一样柔和的边界，让生活时刻处于变幻之中。

创造边界，并采用不同的划分方法与连接方式，便能创造出多姿多彩的空间。

第 3 章

空间划分：

边界的多种方式

隐去立柱与门槛，打造一体空间

PLAN 石神井台的家 1 层 平面图 ●

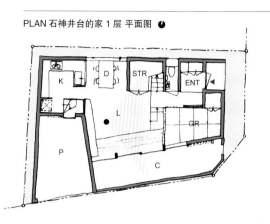

起居室设有榻榻米区域，这是满足户主的要求。一般榻榻米区在转角处会安设转角立柱以及可向两侧滑动的拉门，然而柱子和门槛却会加剧空间的割裂感，破坏房间的连续性。这时，我们可以使略高一些的榻榻米区与周围空间融为一体。

我们对市面销售的悬挂五金件进行了改造，使其在转角处也能顺利转动。同时考虑到，在能看见的地方收合拉门的话会切断空间与庭院的联系，所以拉门也采用了独特的设计。

DIAGRAM 示意图

普通房屋一般用节点来划分空间

拉门截面图、平面图

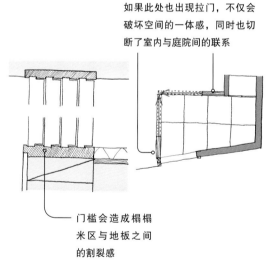

如果此处也出现拉门，不仅会破坏空间的一体感，同时也切断了室内与庭院间的联系

门槛会造成榻榻米区与地板之间的割裂感

隐去立柱与门槛，维护空间的连续性

拉门截面图、平面图

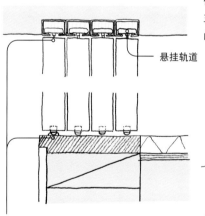

悬挂轨道

使用设计精巧的悬挂五金件，将打开的拉门都集中收合于一处

不设立柱，并隐藏此处的拉门，更凸显榻榻米区与地板的整体感

使用隐藏在天花板中的悬挂轨道可隐去门框与门槛，拉门固定位置的球头挂钩也不会引人注意

夜晚，关闭推拉门点亮灯后，空间就变了一副样子

开放式浴室使住宅整体
更加通透

PLAN 三泽的家 1 层 平面图 ◗

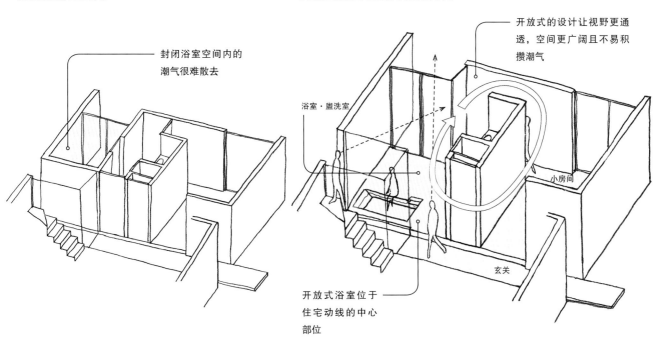

FR
ENT
BR
TR
UT
B
C
STR

浴室一般都在家中的内侧，而且通常设计成封闭的空间。本案例则将浴室设计在户型动线的中心部位，面向入口与楼梯的上方。

浴室装有整面玻璃隔断，下沉式浴缸的设计突破了普通浴室空间设计的壁垒。相对于使用时间来讲，浴室的面积应当占据较高的比例，下沉式设计使浴室化身为家中之泉，放眼望去视野通透，同时空间感也更为开阔。

DIAGRAM 示意图

封闭的浴室空间

封闭浴室空间内的潮气很难散去

开放式浴室让空间更加开阔

开放式的设计让视野更通透，空间更广阔且不易积攒潮气

浴室·盥洗室

小房间

开放式浴室位于住宅动线的中心部位

玄关

用装满绿色的玻璃箱柔和地
划分空间

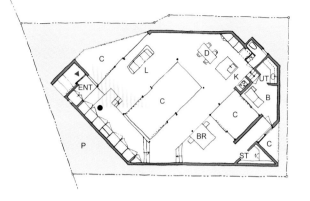

通常住宅都是依靠墙壁来划分空间，而本案例则以玻璃包围起庭院中的树木来柔和地划分空间。

设计中庭空间的初衷是为了亲近自然，增加室内采光。这里我们以绿植葱郁的"玻璃箱"中庭代替了墙壁。随着季节变换与时间推移，装满绿色的玻璃箱会呈现出缤纷多彩的样貌，赋予空间以多样性。同时，用玻璃进行区域划分更凸显空间的连贯性，住户可以自由选择心仪的场所停留，空间自由度也得以提升。

DIAGRAM 示意图

以墙壁划分空间

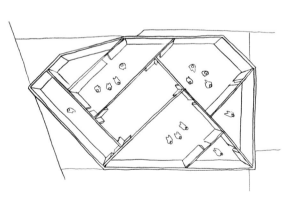

以墙壁划分空间不仅单调无趣，而且只能将室内空间简单地分为吃饭的房间和睡觉的房间，在行为与行为之间划清界限，空间显得压抑

玻璃环绕的中庭提高了自由度

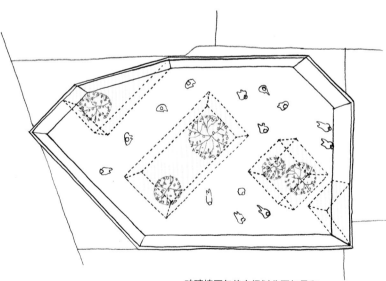

玻璃墙不仅使空间划分更加柔和，
同时创造出了多种多样的区域，
住户可以在其中随时驻足停留

以地面高度变化划分空间

PLAN 东村山的家 1 层 平面图 ◗

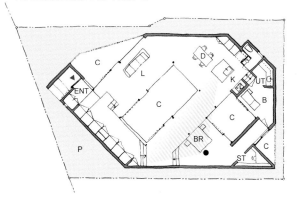

本案例通过高低错落的地面来划分不同区域。

与平整的地面相比，错落有致的地面不会破坏空间的整体感，同时这样的区域划分更加柔和，并且能够提高住户活动的自由度。人们可以在地面高度变化之处随意坐下或是凭靠，触发丰富多样的活动。

DIAGRAM 示意图

平整地面难以创造自由空间

平整的地面虽然能够提升空间的整体感，但难以触发自由活动

没有高低之差，容易让人焦虑不安

通过地面高度差赋予空间以变化

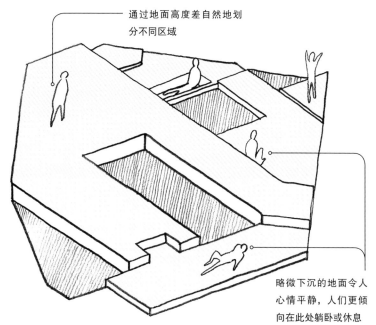

通过地面高度差自然地划分不同区域

略微下沉的地面令人心情平静，人们更倾向在此处躺卧或休息

缩小入口，创造心理距离

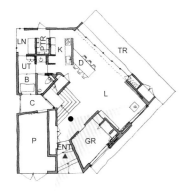

进入这所住宅后，右侧就是客卧。进入房间前需要"钻过"入口，仅凭这一动作便创造出了客卧与所处的起居室之间的心理距离。

虽然从实际物理距离来看两个房间比邻而建，但在进出时的弯腰动作却创造出了好似离开某一空间的距离感。这种距离感诞生于开阔的起居室与狭小的客卧空间的对比之中。另外，降低出入口的高度使人无法将整个住宅空间尽收眼底，这进一步强调了空间的距离，也让空间更具深度。

DIAGRAM 示意图

普通的入口不会引起动作和心情变化　　**降低入口，动作与心情也随之而变**

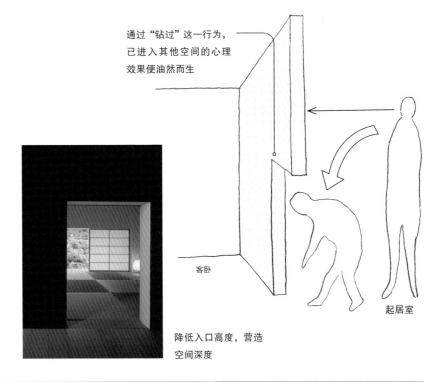

通过"钻过"这一行为，已进入其他空间的心理效果便油然而生

客卧　　起居室

直接通过入口处难以产生心理变化

客卧　　起居室

降低入口高度，营造空间深度

缩小出入口，凸显各空间的独特氛围

PLAN 富士见丘的家 1 层 平面图 ◗

为了突出进入隔壁起居室时独特的空间体验，本案例采用了缩小入口宽度的设计。

餐厅本身朝向南侧中庭，视野十分开阔。通过缩小其与起居室出入口的宽度，进一步凸显了餐厅与依靠北侧采光的起居室之间的光线差异。同时，为了将人们引导向入口，入口前方的地板比水泥地面高出28厘米。这样便会使人意识到此处将通往隔壁房间，营造出空间的距离感。

DIAGRAM 示意图

大出入口更侧重于房间的整体感

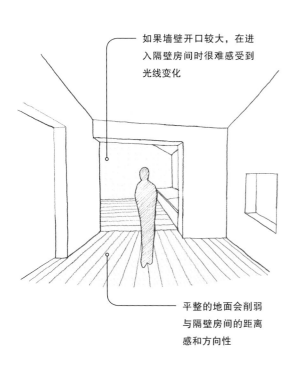

如果墙壁开口较大，在进入隔壁房间时很难感受到光线变化

平整的地面会削弱与隔壁房间的距离感和方向性

缩窄入口，创造地面高度差

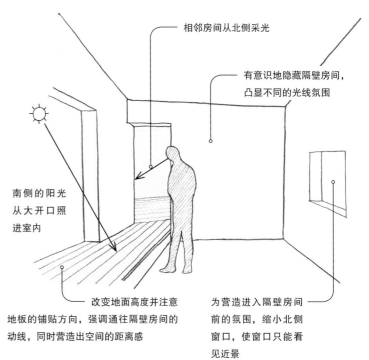

相邻房间从北侧采光

有意识地隐藏隔壁房间，凸显不同的光线氛围

南侧的阳光从大开口照进室内

改变地面高度并注意地板的铺贴方向，强调通往隔壁房间的动线，同时营造出空间的距离感

为营造进入隔壁房间前的氛围，缩小北侧窗口，使窗口只能看见近景

利用翼墙营造深邃之感

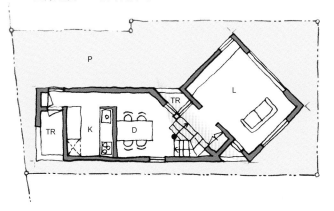

翼墙并不是住宅结构的必需部分，然而本例住宅中，专门打造的翼墙以其若隐若现的效果让空间更具深邃之感。

翼墙与外墙采用了相同的表面装饰材料，在室内仿佛就能看见外墙。而室内的天花板选择了木质材料，窗外则是修建住宅前已有的树木，使人仿佛身临林中小屋。采用不同的饰面材料，前方的空间看上去就好似是另一栋建筑一般。

DIAGRAM 示意图

没有翼墙的普通起居室

平面图

没有墙壁聚焦视线，目光所及便是空间的实际深度

场景图

用翼墙创造距离感

平面图

专门打造的翼墙让空间比实际更具深度

场景图

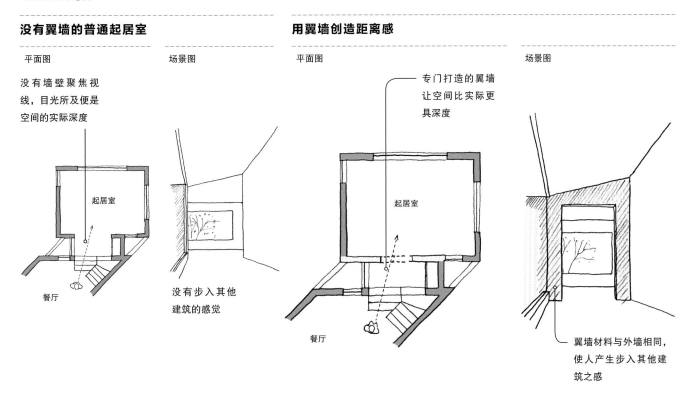

没有步入其他建筑的感觉

翼墙材料与外墙相同，使人产生步入其他建筑之感

采用统一设计，营造视觉深度

PLAN 榴冈的家 2 层 平面图 ◔

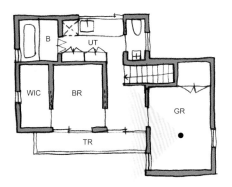

这个设计是使用了统一各个房间门窗开口部尺寸与位置的手法，以打造出比现实更具深度的空间，借鉴了镜子中无限延伸的镜像效果。

只需将各门窗开口部做相同处理，就能利用透视效果，凸显出空间的深度。

DIAGRAM 示意图

开口交错排列

平面图　　　　　　场景图

如果开口交错排列则会削弱透视效果

开口大小与位置相同

平面图　　　　　　场景图

在各房间的相同位置设置尺寸一致的小开口，使透视效果更加显著，带来纵深感

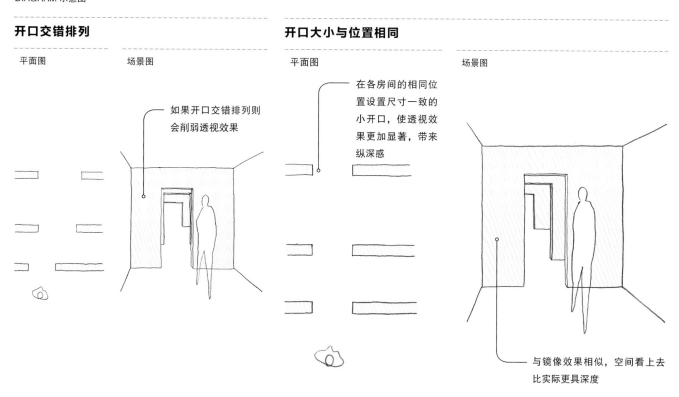

与镜像效果相似，空间看上去比实际更具深度

给挑空空间安装隔断，
打造具有深度的空间

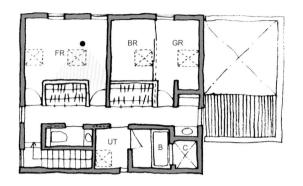

在挑空的天花板与下方的生活区域之间安装隔断，营造空间深度。

挑空的天花板与房间之间没有隔断时，巨大屋檐下高低不同的空间会融为一体。然而如果人为设置隔断，则可以阻断连续的光线，产生明暗差。利用这种明暗对比便能打造出具有深度的空间。

DIAGRAM 示意图

普通的挑空空间鲜有明暗变化 | **在挑空的上部安装部分隔断，以创造阴影**

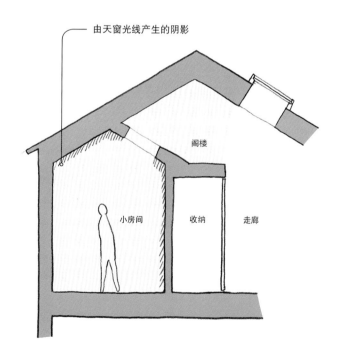

阳光透过天窗洒进房间各个角落，难以产生明暗变化

由天窗光线产生的阴影

合并功能区，节约住宅面积

PLAN 贯井的家 2 层 平面图 ☾

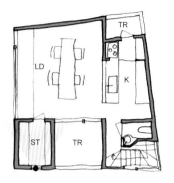

住宅中通常会有起居室、餐厅、厨房（LDK）等专门的空间，这样，当设计私密的卧室空间的时候，就需要每间单人卧室都配备床、收纳区和桌子等。另外，连接这些房间的走廊也是必不可少的，需要较大的占地面积。

本案例则摒弃了这种单人房间的设计，而是按照"睡觉""收纳""学习"等不同功能来划分空间，不仅可节省使用面积，而且使空间感更加广阔。

DIAGRAM 示意图

各个房间分别设有桌子和收纳区

平面图

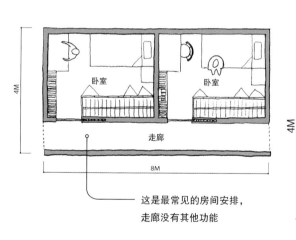

这是最常见的房间安排，走廊没有其他功能

将具有相同功能的区域集中于一处

平面图

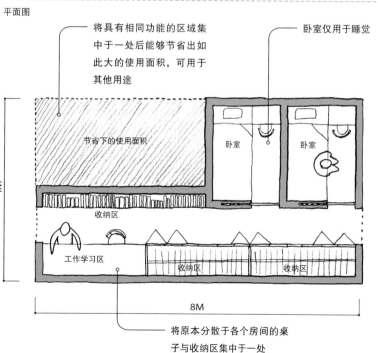

将具有相同功能的区域集中于一处后能够节省出如此大的使用面积，可用于其他用途

卧室仅用于睡觉

将原本分散于各个房间的桌子与收纳区集中于一处

调整地面与屋檐高度，打造舒适的中庭空间

PLAN 富士见丘的家 1 层 平面图 ◗

本案例的双层住宅中庭较为狭小，如果四周墙壁较高的话，则会产生一种身居井底之感，居住体验并不好。为避免中庭过于阴暗，我们下挖南侧建筑物地面，控制住宅高度，同时降低中庭一侧的房檐高度，使光照更加充足。

这样通过调整中庭周围建筑物的高度与面积，便能使中庭空间更舒适，空间也更具立体感。

DIAGRAM 示意图

地面与墙壁高度都统一时光线阴暗，体验不佳

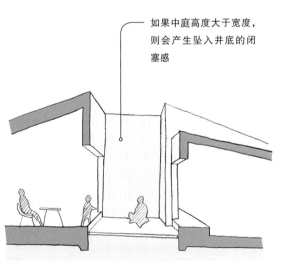

如果中庭高度大于宽度，则会产生坠入井底的闭塞感

调整地面与屋檐高度，引入光线，创造舒适空间

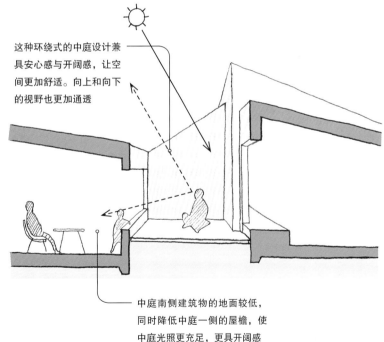

这种环绕式的中庭设计兼具安心感与开阔感，让空间更加舒适。向上和向下的视野也更加通透

中庭南侧建筑物的地面较低，同时降低中庭一侧的屋檐，使中庭光照更充足，更具开阔感

家是保障安全、安心的庇护所。从这个意义上讲，外界的视线可以说是对生活的一种威胁。

但如果为保证私密性而一味地建立围墙将自己关在其中，会感到逼仄且沉闷。然而若在遮挡住外界视线的同时又能将内部视野与外界相连，便会创造出体验丰富的空间。

因此，既能保证眺望时通透的视野和视线，又能有效遮挡来自外界的目光，才是最理想的住宅方案。

第 4 章

优化视野：

有效遮挡视线

敞开屋顶，将天空收入眼底

PLAN 箱森町的家 1 层 平面图 ◗

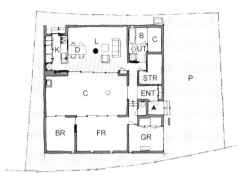

在大多数的住宅中，我们只有在中庭抬头仰望才能看见天空。本案例为了无需仰视便能将天空收入眼底，将房屋北侧的地面抬高，同时在朝南侧倾斜的屋顶中央设计一个大开口。

在调整屋顶开口位置时，既要保证在北侧起居室中，以水平视线就能看到天空，也要保证道路对面双层住宅的屋顶不会进入视野。这样一来，在北侧起居室中便能将天空收入眼底，使其成为一个随时能望见天空的家。

DIAGRAM 示意图

地面高度不变

如果地面高度相同，开口位于屋顶的正中央，则只有抬头仰望才能看见天空

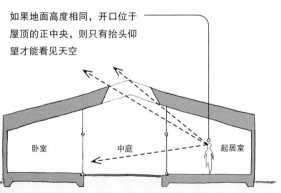

改变地面高度

调整屋顶开口方向时要注意避开道路对面双层住宅的屋顶，仅将天空收入眼帘，同时要保证视线在水平方向也可以看见天空

大开口位于南侧屋顶，较屋顶顶点（主梁）的中心偏北

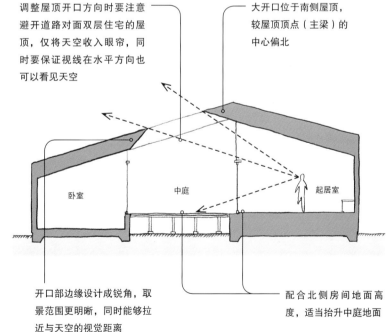

开口部边缘设计成锐角，取景范围更明晰，同时能够拉近与天空的视觉距离

配合北侧房间地面高度，适当抬升中庭地面

调整窗口形状，聚焦视野

PLAN 富士见丘的家 1 层 平面图 ◐

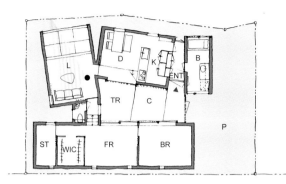

突出水平方向绵延的风景可以让人感到视野开阔。因此，我们将这所住宅的观景窗设计为水平向的横宽型。

窗前设有一段较高的榻榻米座席，同时天花板由内向外逐渐降低，这样便能自然而然地缩小窗户的形状大小，将视线聚焦于眼前的优美风景。窗前较高的座席会不自觉地使人不要太靠近窗口，让人保持一种远眺的姿态观赏风景。这样的设计，隐去了窗口下方的近景地面，营造出飘浮于空中之感。

DIAGRAM 示意图

视野发散，意境减半

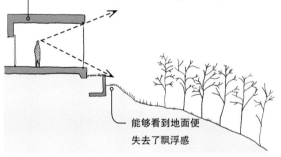

如果不聚焦视线，近景处肆意展开的景物与室内空间形成鲜明对比，反而凸显了室内空间的狭小，让人心情无法平静

能够看到地面便失去了飘浮感

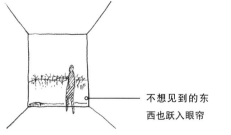

不想见到的东西也跃入眼帘

缩小窗口，只观赏远方的景色

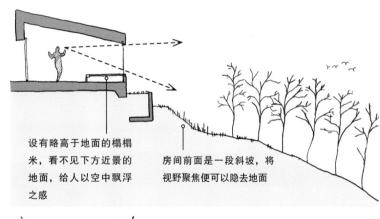

设有略高于地面的榻榻米，看不见下方近景的地面，给人以空中飘浮之感

房间前面是一段斜坡，将视野聚焦便可以隐去地面

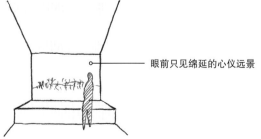

眼前只见绵延的心仪远景

利用重叠空间塑造深邃之感

PLAN 东村山的家 1 层 平面图 ➘

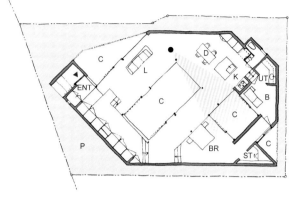

本案例的住宅拥有三个玻璃环绕的中庭，这三个中庭交错排列，通过明暗变化和内外空间重叠创造出多种视点。

比起环绕一个中庭而建的房子，这样的设计无疑更具深邃之感。

DIAGRAM 示意图

单个中庭具有强大的向心力

中庭交错排列塑造深度

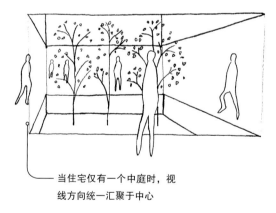

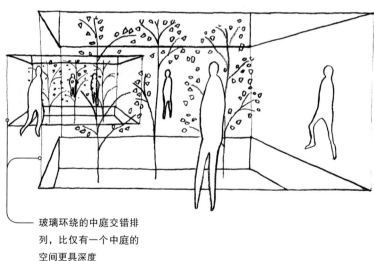

当住宅仅有一个中庭时，视线方向统一汇聚于中心

玻璃环绕的中庭交错排列，比仅有一个中庭的空间更具深度

四面开口赋予空间多样性

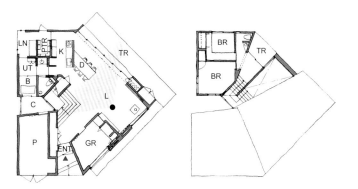

房间的东西南北四个方向均设有开口，早晨清新的阳光从东侧洒进室内，傍晚的西窗则被略带橙色的落日余晖照耀，太阳东升西落，室内光线也随之而变。各个方向开口的位置与尺寸皆不相同，更赋予空间以多样的美感。

DIAGRAM 示意图

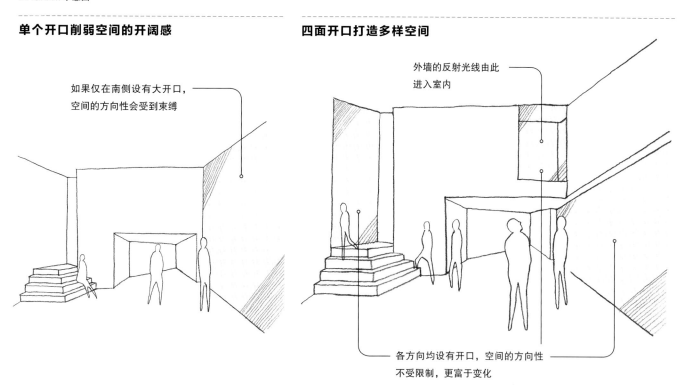

单个开口削弱空间的开阔感

如果仅在南侧设有大开口，空间的方向性会受到束缚

四面开口打造多样空间

外墙的反射光线由此进入室内

各方向均设有开口，空间的方向性不受限制，更富于变化

利用曲面墙，将视线引向广阔天空

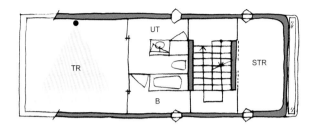

阳台的护栏墙采用曲面设计，地面也仿佛延伸成为墙壁，视线沿着曲面被引向天空，内外相接，融为一体。而曲面墙壁上渐变且连续的光线进一步加强了建筑物的连续感。

DIAGRAM 示意图

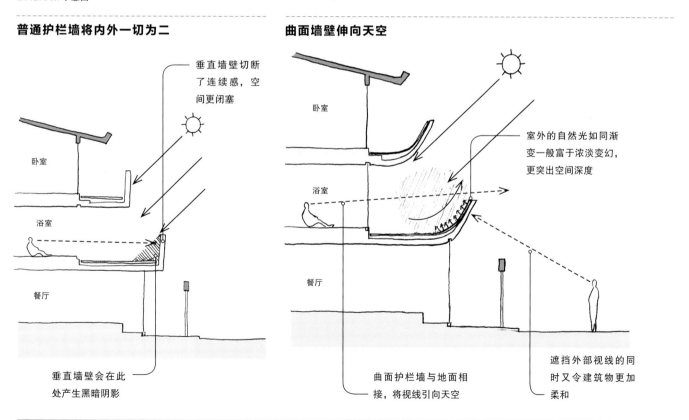

普通护栏墙将内外一切为二

垂直墙壁切断了连续感，空间更闭塞

卧室

浴室

餐厅

垂直墙壁会在此处产生黑暗阴影

曲面墙壁伸向天空

卧室

浴室

餐厅

室外的自然光如同渐变一般富于浓淡变幻，更突出空间深度

曲面护栏墙与地面相接，将视线引向天空

遮挡外部视线的同时又令建筑物更加柔和

利用中庭，创造深度
与广度

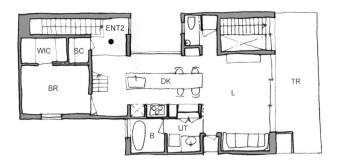

透过室外来观察建筑物的某个部分会让建筑物本身更具深度与广度。

在本案例中，如果从住宅的入口直接进到室内而不是中庭里，室内的地面面积的确会大一点。但如果能借助中庭空间的帮助，看到自家住宅的外墙，会顿生惊喜感，心理上的感觉会一下子变得更宽敞。

DIAGRAM 示意图

中庭设在建筑物内部，空间了无新意

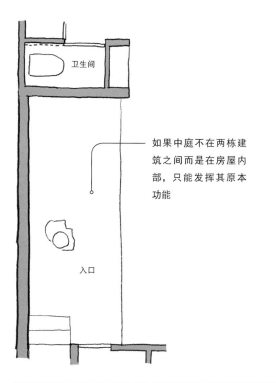

如果中庭不在两栋建筑之间而是在房屋内部，只能发挥其原本功能

中庭位于两栋建筑之间，可以看见自家住宅的外墙

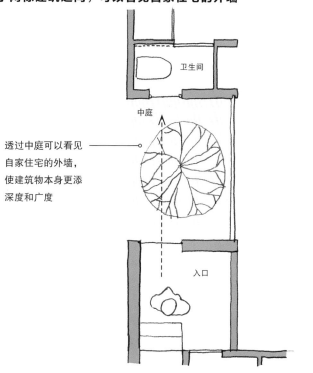

透过中庭可以看见自家住宅的外墙，使建筑物本身更添深度和广度

调整房屋朝向，视线透过门窗延伸至建筑之间

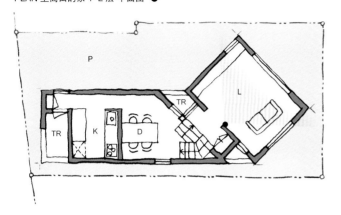

在住宅密集的区域，建筑物一般都坐北朝南。而本案例改变了建筑物的朝向，使其与周围建筑的门窗错开，同时扩大门窗的面积，将视线引向周围建筑物之间的间隙。

这所住宅是住户与父母家划分了同一块土地而建造的。将住宅在平面上转动45度后，就可以扩大门窗的面积，将视线引向周边住宅之间的空地，同时能够保留庭院中原有的树木，并将其作为与父母家的缓冲地带。

DIAGRAM 示意图

不改变平面朝向空间逼仄

正对邻家窗口，建筑物间的间距狭窄，产生逼仄之感

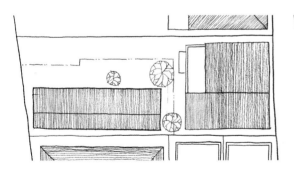

改变平面朝向和角度，实现开敞式立面

通过改变平面的朝向和角度，既可以扩大门窗等开口部位，又不会与隔壁住宅的窗口相对。而且因为面朝着建筑物之间的空隙，视野更加开阔

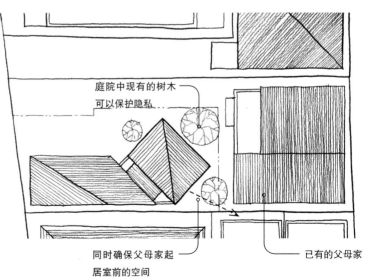

庭院中现有的树木
可以保护隐私

同时确保父母家起
居室前的空间

已有的父母家

活用露台，提高私密性的同时还能精准取景

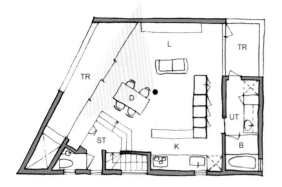

本案例将露台作为缓冲地带，有效阻挡外界视线的同时又可以截取室外的风景，在室内也能享受盎然的绿意。

为了做到这两点，需要灵活调整露台内侧护栏墙的垂直高度，以及室内垂壁下垂的长度。努力调整好露台的角度，以便使开口部正好朝向繁茂的绿植。

DIAGRAM 示意图

活用露台，控制视线

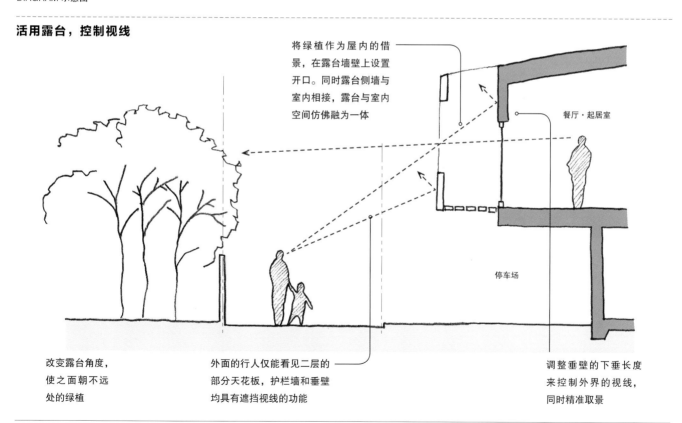

将绿植作为屋内的借景，在露台墙壁上设置开口。同时露台侧墙与室内相接，露台与室内空间仿佛融为一体

餐厅·起居室

停车场

改变露台角度，使之面朝不远处的绿植

外面的行人仅能看见二层的部分天花板，护栏墙和垂壁均具有遮挡视线的功能

调整垂壁的下垂长度来控制外界的视线，同时精准取景

利用格栅，控制视线

PLAN 东尾久的家 2 层 平面图 �'

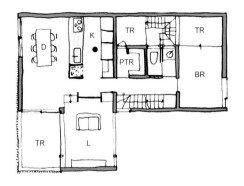

既想遮挡住外界的视线，又不希望室内的视野受阻，这时便可以在开口部安装竖向的格栅式百叶窗。根据每个房间与室外的关系，除了格栅的深度外，还需要调整格栅条之间的间隔与角度。

本例的窗户位于住宅二层的餐厅与厨房，这种设计可以保证窗外景色不被彻底截断。百叶窗格栅的深度较深，可以遮挡住除正对面以外的全部视线。从厨房看向窗外时，视线通透，还能欣赏到对面父母家庭院中的绿植。

DIAGRAM 示意图

没有安装格栅的窗户　　　　　　　**深格栅遮挡视线**

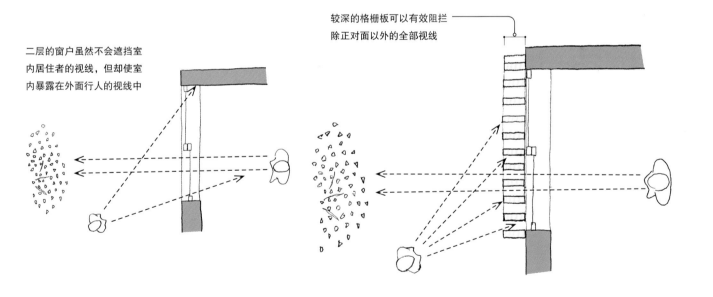

二层的窗户虽然不会遮挡室内居住者的视线，但却使室内暴露在外面行人的视线中

较深的格栅板可以有效阻拦除正对面以外的全部视线

遮挡外界视线，创造开放的

浴室空间

在与隔壁住宅间隔紧凑的住房中，我们创造出了面向中庭的开放式浴室空间。为防止隔壁家可以从二层看见院内景象，我们又在一部分的中庭上架设了屋顶。

屋顶与垂壁的绝妙组合，减少了以高围墙作隔断时的压抑感，增添了一分开放感，令人心情舒畅。

DIAGRAM 示意图

没有隔断

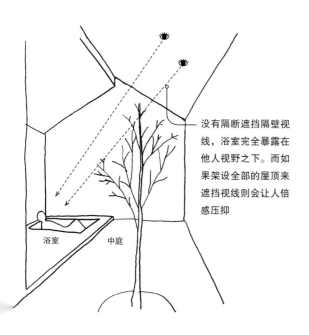

没有隔断遮挡隔壁视线，浴室完全暴露在他人视野之下。而如果架设全部的屋顶来遮挡视线则会让人倍感压抑

浴室　　　中庭

利用窄屋檐与垂壁作隔断

垂壁可以挡住来自隔壁住宅二层的视线

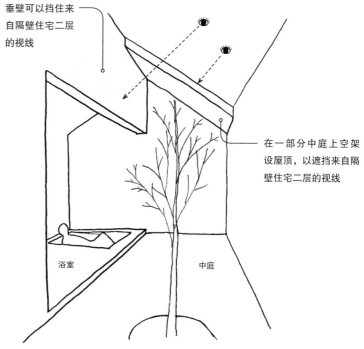

在一部分中庭上空架设屋顶，以遮挡来自隔壁住宅二层的视线

浴室　　　　　中庭

双层屏障保护隐私

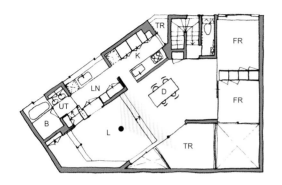

在窗户外侧再建造一道墙壁用作围墙，建立起双层屏障。在建筑物密集的区域，这样做可以有效地保护隐私。

然而，如果只是建起一整面墙，一层空间就会十分阴暗，因此本案例在围墙中间设置了窗口，用于帮助采光。我们在需要遮挡外界视线的部位安装了乳白色的玻璃来保护隐私。同时，安装乳白色玻璃的窗口还能为住宅一层提供光照。

DIAGRAM 示意图

建起一整面围墙

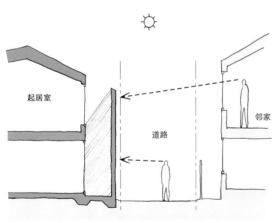

只在住宅外侧建立起一整道围墙，虽然可以有效保护隐私，但一楼空间十分阴暗

双层屏障

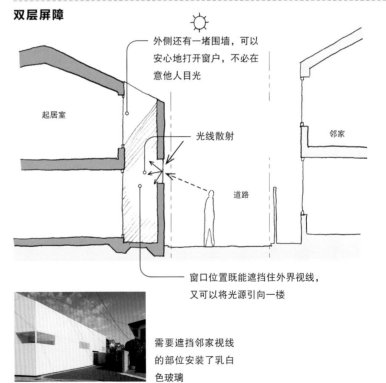

外侧还有一堵围墙，可以安心地打开窗户，不必在意他人目光

光线散射

起居室

邻家

道路

窗口位置既能遮挡住外界视线，又可以将光源引向一楼

需要遮挡邻家视线的部位安装了乳白色玻璃

改变地面高度，错开外界视线

PLAN 东尾久的家 2 层 平面图 ●

遮挡外界视线有很多种方法，例如调整开口高度或建立围墙等。本案例选择在二层露台的墙壁上安设格栅围挡，同时降低起居室的地面高度。

这样住户坐在起居室的沙发上时，外界看不到室内的景象，而住户又可以尽情欣赏室外风光。

DIAGRAM 示意图

没有格栅围挡会有所顾虑

地面和露台处于同一平面，没有遮挡，坐下后会暴露在外界视线之下

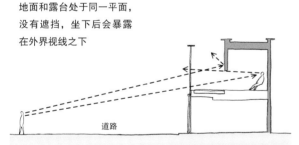

道路

安设格栅、降低地面高度来遮挡视线

木质格栅可以挡住
外界视线

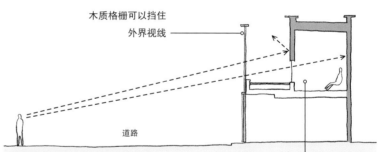

道路

降低地面高度，竖起围挡后，坐下的时候无需在意外界视线，可以随心所欲地眺望风景

降低地面高度，且要保证低于露台地面

既保护住宅隐私，又能丰富建筑物的表现力

如果仅靠围墙来遮挡外界视线，有时会让室内变得十分阴暗。在本案例中，我们降低了一部分围墙的高度，同时将围墙设计成住宅的形状，上端与住宅屋顶平行，凸显其连续性。

因为要确保遮挡的效果，围墙高度一般会被设计得较高，而希望保持空间明亮时，又很容易将围墙设计得过于低矮。本案例灵活地改变了围墙形状，使围墙兼具隔挡功能的同时又可以给建筑物提供丰富的表现方式。

DIAGRAM 示意图

兼具设计感与隔挡功能的围墙

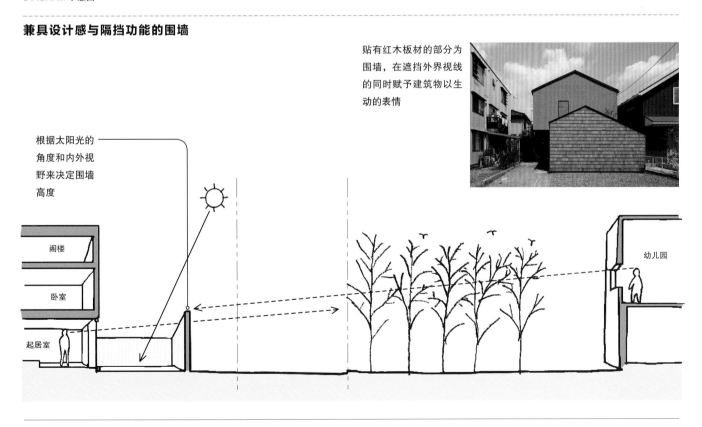

贴有红木板材的部分为围墙，在遮挡外界视线的同时赋予建筑物以生动的表情

根据太阳光的角度和内外视野来决定围墙高度

阁楼

卧室

起居室

幼儿园

创造空间动线的目的，是使人在建筑物内外活动时，可以体验到丰富的景色与空间。为了做到这一点，设计时需要花费一番心思。

例如，如果道路旁边有墙，人们通常会沿着墙行走，而当有多条道路时，即便每条路都通向同一目的地，路上的风景也各有不同。

若偶尔对习以为常的东西抱有怀疑态度，便能创造出全新的空间体验。例如在狭小的住所内反而设计长长的移动空间，这样不仅能够体验到空间的角角落落，而且会削弱狭窄感，使空间显得更加广阔。

第 5 章

动线设计：

让体验更加丰富

建一面墙，引导人的行动方向

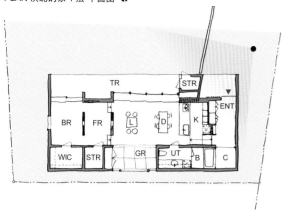

在南侧与道路相接的住宅用地上，除庭院外，玄关通常也被设计在南面，也就是说人们一般都是从南面进入室内的。但是当人进入玄关后，却能通过面向庭院的大窗，将屋内景象一览无余。因此，本案例在玄关门廊处建起了一道墙壁用来遮挡视线，同时使墙面稍微倾斜，将客人自然而然地引向玄关处。

通常人们以墙壁作围挡来创造空间，而本案例则将墙壁用来限制人的行为，引导方向。

DIAGRAM 示意图

建立墙壁以引导人的行动

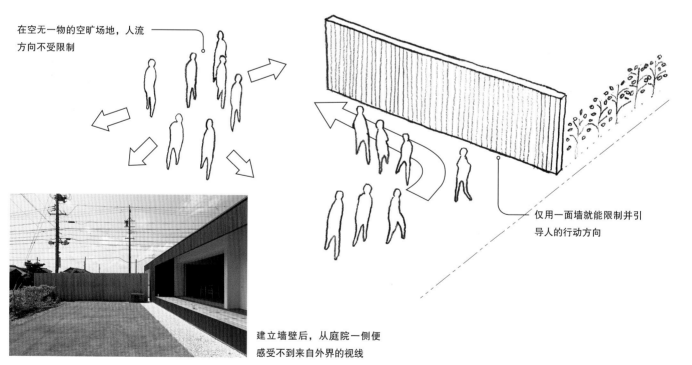

在空无一物的空旷场地，人流方向不受限制

仅用一面墙就能限制并引导人的行动方向

建立墙壁后，从庭院一侧便感受不到来自外界的视线

『箱体』与动线明确分开，使各空间动态相接

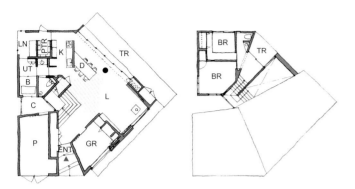

我们用分散错落的手法排列客卧、厨房、车库等不同功能的箱体空间。在其上安设可同时覆盖住多个箱体空间的大屋顶后，箱体之间的间隙就形成了连续的关系，这样便创造出了自由开放的动态空间。

DIAGRAM 示意图

以墙壁划分空间降低了连续性

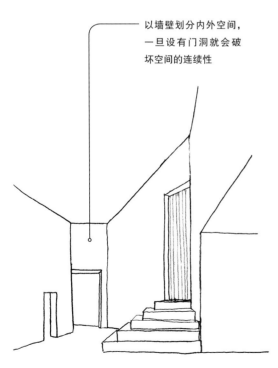

以墙壁划分内外空间，一旦设有门洞就会破坏空间的连续性

以箱体间的空隙连接空间

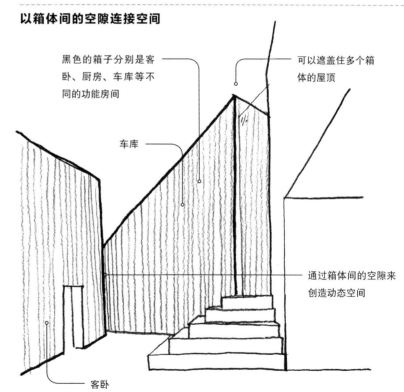

黑色的箱子分别是客卧、厨房、车库等不同的功能房间

可以遮盖住多个箱体的屋顶

车库

通过箱体间的空隙来创造动态空间

客卧

狭小空间，延长动线营造
开阔感

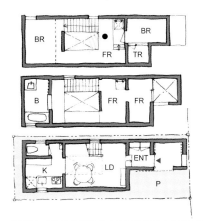

本案例的住宅较为狭窄，正面宽度仅有3米。然而我们专门留出了较长的移动距离，借此延长心理上的距离感。

住宅中央的楼梯呈螺旋状。楼梯井虽然会占用住宅的使用面积，但却可以在垂直的方向上扩展视野，而且效果显著。当然，第一要务仍是保证实际所需的建筑面积，然后再依靠这样的设计来扩大心理上的广度。

DIAGRAM 示意图

尽可能留出使用面积

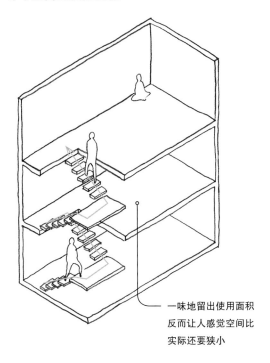

一味地留出使用面积反而让人感觉空间比实际还要狭小

住宅中央设置楼梯

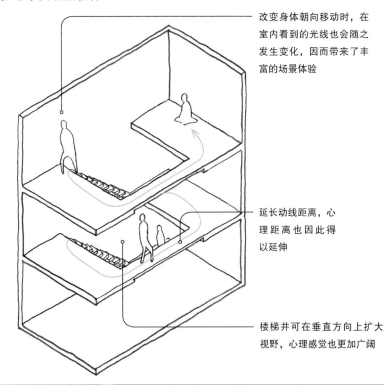

改变身体朝向移动时，在室内看到的光线也会随之发生变化，因而带来了丰富的场景体验

延长动线距离，心理距离也因此得以延伸

楼梯井可在垂直方向上扩大视野，心理感觉也更加广阔

增加可供选择的动线，更具心理增效

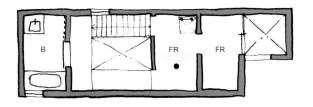

如果朝向同一目的地有多条动线，便能提高空间的自由度与多样性。

例如除楼梯外，我们也可以使用梯子，这样即便住宅比较狭小，动线也可以变多。使用梯子不仅可以更快到达目的地，同时也可以产生心理增效，使空间设计更加丰富。

DIAGRAM 示意图

动线不设捷径

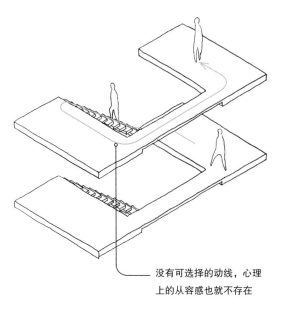

没有可选择的动线，心理上的从容感也就不存在

在动线中创造捷径

增加了更便捷的动线后，即使实际用不到梯子，也会产生心理增效

梯子也是一大设计亮点

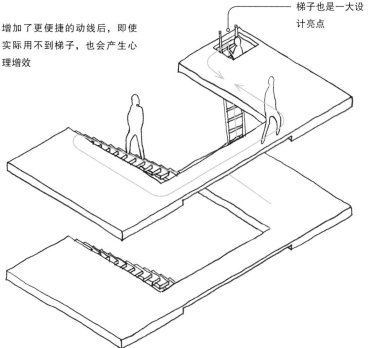

借助室外空间，营造心理距离感

PLAN 辻堂元町的家 1-2 层 平面图 🍥

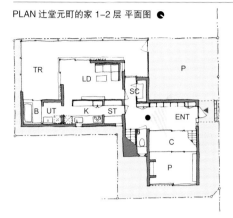

本案例中的客卧虽然看上去与主体住宅分离，但其实仍是主体建筑的一部分。只是通向房间的通道位于室外（中庭），夹在客卧和主屋之间，营造出了心理上的距离。这并不是在物理空间上将两个区域分离，只是通过空间构成营造出了心理上的距离感。

DIAGRAM 示意图

从室内相连

平面图

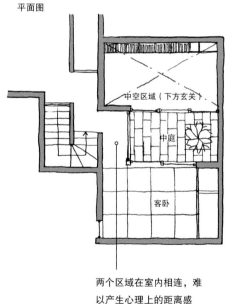

两个区域在室内相连，难以产生心理上的距离感

客卧好似与主体住宅分离

平面图

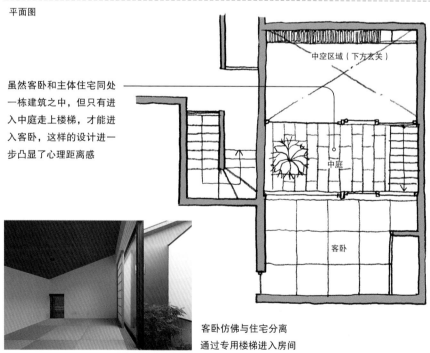

虽然客卧和主体住宅同处一栋建筑之中，但只有进入中庭走上楼梯，才能进入客卧，这样的设计进一步凸显了心理距离感

客卧仿佛与住宅分离
通过专用楼梯进入房间

将浴室纳入生活动线，居家体验更具活力

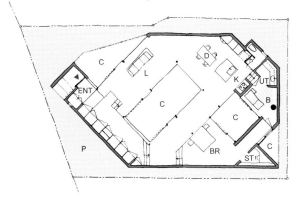

因私密性以及用水等问题，浴室通常位于住宅内部，然而这样会让浴室更容易产生潮气或发霉。

而在开放式的浴室空间，视野更加通透且不易积累潮气。浴室虽然每天的使用时间很短，但也会占用一定的使用面积。本案例将浴室打造成了家中的"绿洲"，将浴室作为生活动线的一部分，住户便能够在连续的空间中进行不间断的活动。

DIAGRAM 示意图

浴室不属于生活动线　　　　　　**将浴室纳入生活动线**

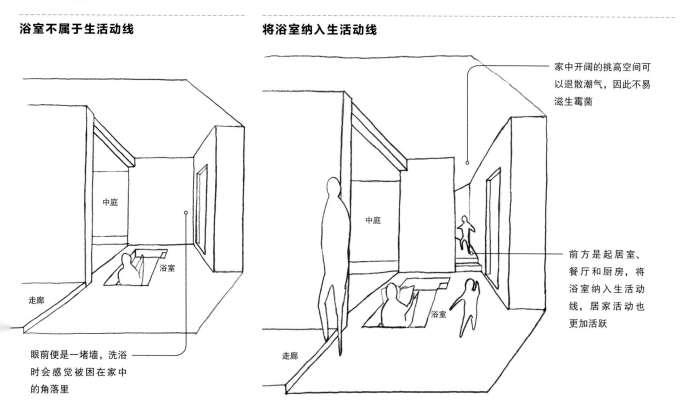

家中开阔的挑高空间可以退散潮气，因此不易滋生霉菌

前方是起居室、餐厅和厨房，将浴室纳入生活动线，居家活动也更加活跃

眼前便是一堵墙，洗浴时会感觉被困在家中的角落里

一房两门，提供更多选择

PLAN 守谷的家 1 层 平面图 🌀

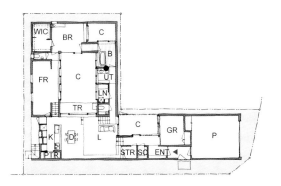

通常一栋住宅只有一扇大门，但有时候，一房两门的设计能带来更好的体验。

如果只有一扇门，那么房间即是尽头，只有带有一定目的才会走进房间。而如果增加了一扇门，便出现了"通过"这一新的选择，不仅能提高房间自由度，还可以让人的心理更加从容。

DIAGRAM 示意图

只有一扇门的一般设计

平面图

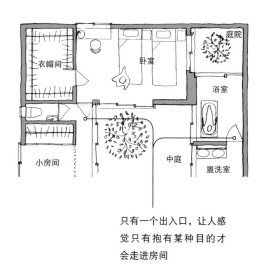

只有一个出入口，让人感觉只有抱有某种目的才会走进房间

两扇门提高自由度

平面图

一般一栋住宅只有一个出入口，将其增加到两个便能为居家活动提供新的选择，让人心理上更加从容

从卧室看浴室。也可以从盥洗室进入浴室

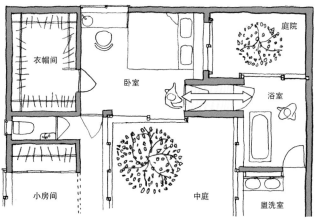

从盥洗室也能直接进入家中，由这里走向卧室便创造了一条新的动线

架设廊桥，引入街道气息

PLAN Tama Plaza 的家 1 层 平面图 ◖

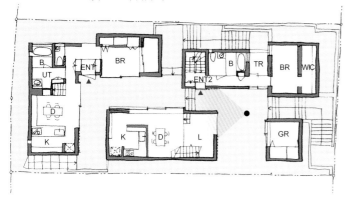

本案例的住房用地位于两条马路之间，较为狭长。住宅中心设计了一条小巷，可以将街道的气息带入庭院之中。

为防止住宅阻断小巷，住宅一层的部分区域采用底层架空的设计，二层则通过廊桥相连。廊桥给予通过此处的人一种期待感，同时使人意识到空间的变化，创造出心理上的深度。

DIAGRAM 示意图

建筑干扰

平面图

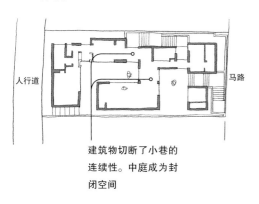

建筑物切断了小巷的连续性。中庭成为封闭空间

廊桥连接小巷

平面图

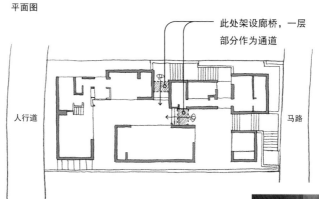

此处架设廊桥，一层部分作为通道

一层建筑物不连通，二层以廊桥相连，建筑没有阻断小巷，保证了空间的连续性

小巷地面使用不同板材，营造出空间转换的氛围

人可以通过多种方式与空间互动，而具有多种交互方式的空间也可以促进更自由的活动。

然而，仅是无拘无束、空空如也的空间，反而让人倍感拘束。一般来说，给予人高度自由的空间，与人的互动方式是丰富而复杂的。

例如，可以加大楼梯宽度，将楼梯台阶当作长椅，或是加宽走廊的宽度，这样一来，楼梯和走廊就不仅仅是供人通过的通道，同时也兼具生活空间的功能。

为居住者提供多种选择的设计能够创造出全新的行为活动。

第 6 章

空间互动：

创造新的行为活动

以高度差赋予空间变化，触发
丰富的活动

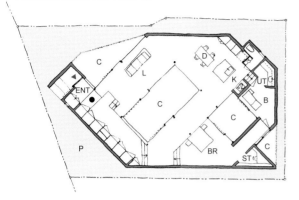

本案例采用了与街道空间相似的设计，为住户提供了更多选择，住户可按照不同时刻的心情来选择不同的空间停留。

改变空间各处的形态、表面装饰材料以及地面高度后，空间也更加多元。我们在开阔的山坡状走廊与起居室相接处安设了一段短楼梯，人们可以在台阶上席地而坐，在此与家人交谈或是自己读书。仅用些许技巧，便可触发人的多种行为活动。

DIAGRAM 示意图

空间没有变化，仅是普通走廊

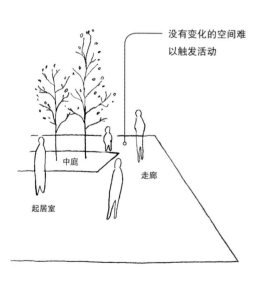

没有变化的空间难以触发活动

中庭

走廊

起居室

用高度差和楼梯打造出如街道般的走廊空间

人们可以在高低错落处面对面而坐

中庭

起居室

走廊

移动时的视野也随高度差而变化，赋予空间多种表现与深度

这里并不是专门设置的座位区，却让人不由自主地想席地而坐

玄关

连廊为空间增添活力

PLAN 宫前平的家 1-2 层 平面图 ●

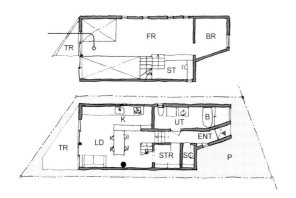

在住宅的起居空间上方架设连廊，把它打造成一处观景台。通常人们经过走廊只是为了通过，而住宅中的连廊设计则让人尚未通过便能油然而生一种期待感，使空间更具动感。而且，连廊不仅是用于连接的通道，人们还可以坐下来，垂脚而坐，进行多样的行为活动，让空间更加丰富多彩。

DIAGRAM 示意图

没有连廊的空荡荡住宅空间

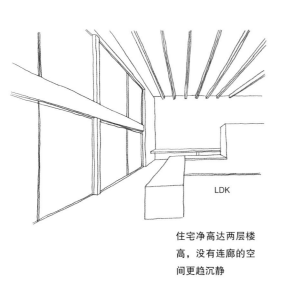

住宅净高达两层楼高，没有连廊的空间更趋沉静

连廊打造丰富的住宅空间

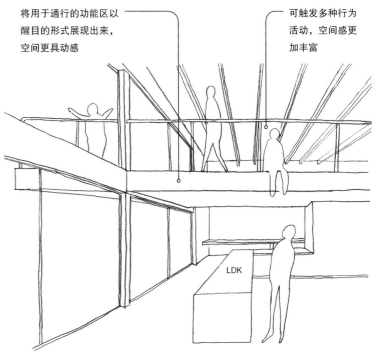

将用于通行的功能区以醒目的形式展现出来，空间更具动感

可触发多种行为活动，空间感更加丰富

多动线台阶触发自由活动

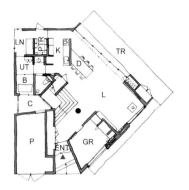

本案例的住宅用地上原本有一座小山丘，楼梯的设计灵感便源自于此。楼梯口呈L形，如同一座能够从各个方向登上去的山丘。

普通楼梯的上下方向是固定的，缺乏灵活性，仅用于连接上下楼层。而这座山丘状楼梯的上下方向是自由的，能够触发更加丰富多元的行为活动。

DIAGRAM 示意图

单向的楼梯空间逼仄

与双向楼梯相比，单向楼梯的自由度低，坐着的人与行人的身体朝向相同，容易产生逼仄感

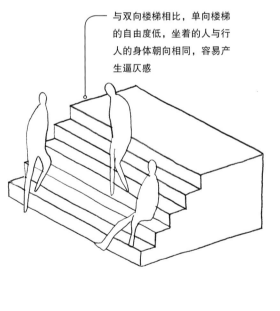

移动自由的楼梯

可从任意方向走上楼梯，即使有人坐在楼梯上也不会感到狭窄

坐在楼梯上时无需顾虑上下通过的人

可以从任意方向上下楼梯

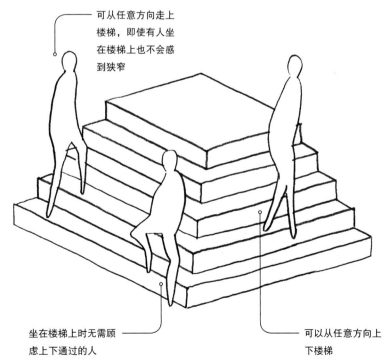

楼梯与地面的一体设计

可增大生活空间

PLAN 由比滨的家 2 层 平面图 🔄

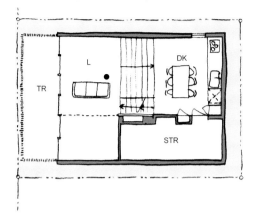

狭小的住宅一般倾向于竭尽所能增加生活空间，这样就能克服狭窄的感觉，看起来更加宽阔。

本案例的楼梯并非单纯的楼梯，更像是将地面一阶一阶抬高而形成的生活空间。为此，我们尽可能地拓宽了楼梯横向的宽度，同时将踏步加深至380毫米。楼梯不设踢脚板，梯段高215毫米，两阶楼梯的高度刚好可以当作座椅，踏步深度则可用作矮桌。

DIAGRAM 示意图

楼梯与地板采用一体设计

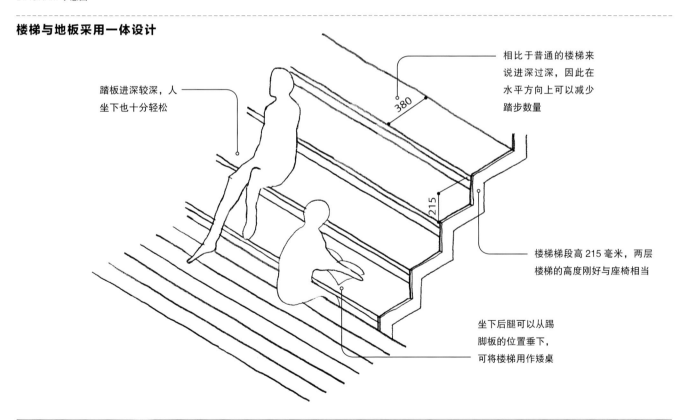

踏板进深较深，人坐下也十分轻松

相比于普通的楼梯来说进深过深，因此在水平方向上可以减少踏步数量

楼梯梯段高 215 毫米，两层楼梯的高度刚好与座椅相当

坐下后腿可以从踢脚板的位置垂下，可将楼梯用作矮桌

高度差赋予空间更多变化，
带来全新的行为活动

PLAN 深泽的家 2 层 平面图 ●コ

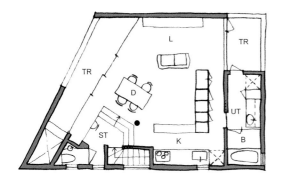

利用地面高度差可以柔和地划分空间，使空间更富表现力，并借此创造出全新的行为活动。

本案例利用餐厅角落的地面高度差，打造出一个供儿童学习的区域，课桌是餐厅地板的延伸，这也成了这所住宅设计的最大特点。台阶的踏步进深较大，大人也可以在此坐下读书。

DIAGRAM 示意图

利用高度差创造新行为

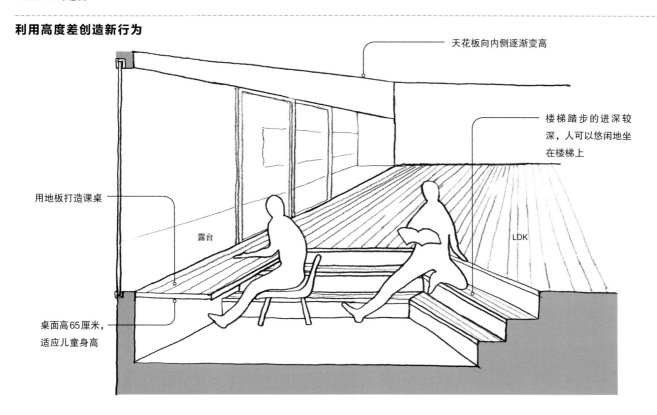

天花板向内侧逐渐变高

楼梯踏步的进深较深，人可以悠闲地坐在楼梯上

用地板打造课桌

露台

LDK

桌面高65厘米，适应儿童身高

通道化身功能空间，扩大
活动范围

在原本仅用于通行的走廊上安装了书桌与架子，使通道也具有一定的功能。

这样的设计使得空间更具层次感与深度，同时增加了人可以停留的场所，进一步提高了生活的自由度。

DIAGRAM 示意图

普通走廊，过而不停

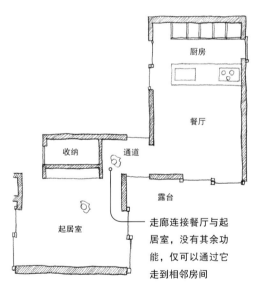

厨房

餐厅

收纳　　　通道

露台

起居室

走廊连接餐厅与起居室，没有其余功能，仅可以通过它走到相邻房间

走廊变身为生活空间

安设架子和书桌，原本仅用于通行的走廊也化身为一处生活空间

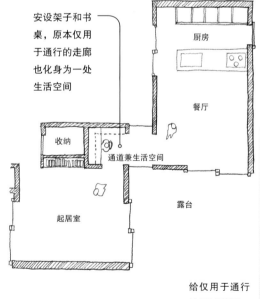

厨房

餐厅

收纳

通道兼生活空间

露台

起居室

给仅用于通行的区域赋予一定的功能，空间更具深度

拓宽走廊宽度，通道也变成生活空间

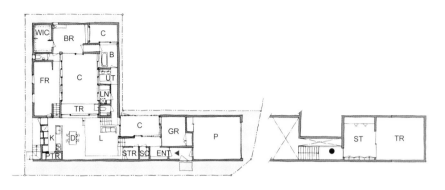

通常，在木结构房屋的标准尺度中，走廊的柱间距离为910毫米，实际宽幅约为750毫米。然而这样的走廊只是供人通行的场所。如果将柱间距离再加宽600毫米，则会大有不同。

例如可以在一侧安设书架，使走廊变成图书馆空间。也可以摆放几把椅子，这样走廊不仅仅是通道，还是可以稍事歇息的场所。

DIAGRAM 示意图

标准尺寸的走廊

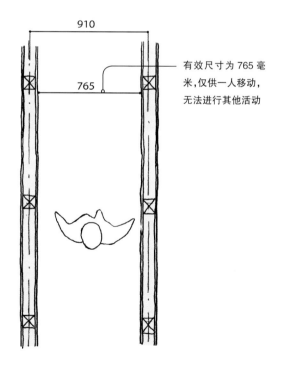

910

765

有效尺寸为 765 毫米，仅供一人移动，无法进行其他活动

拓宽走廊，可能性更多

1515

1370

走廊的有效宽度为 1370 毫米，除移动外还可以进行其他活动。大宽幅的走廊中，即使有人坐在椅子上，其他人也能从旁边轻松经过

房屋分散排布使空间更加广阔，带来全新的活力

PLAN 胜濑的家 1 层 平面图 🌓

房屋分散地排布在住宅用地之上，而不是聚合在一处。建筑物之间的空隙与周边环境相接，周边的街道仿佛也成了自家的一部分，街道也增添了一分别样的魅力，创造出新的活力。

DIAGRAM 示意图

房屋集中于一处

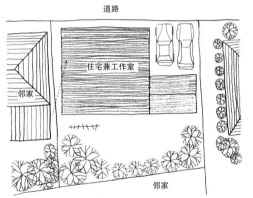

与道路之间没有间隙，失去了与周围环境的一体感，造成割裂

建筑物分散布局，与街道相接

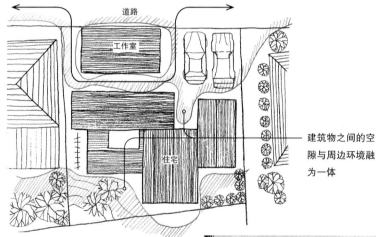

建筑物之间的空隙与周边环境融为一体

突出与道路的连续感

开阔、高大、明亮，

这些通常是人们眼中积极的（正确的）空间表现方式。

然而这些词的反义词——狭窄、低矮、幽暗，却绝不是消极的（错误的）表现。

其实这些都是空间的一种表现方式：

有开阔的空间，也有狭窄的空间。

有高大的空间，也有低矮的空间。

有明亮的空间，也有幽暗的空间。

道理与光和影是相通的。

正因为存在这样的对比，空间才更加多元，我们才拥有了选择的自由。

第 7 章

空间氛围：

多元化的表现方式

差异化材质将空间衬托得
更加简洁

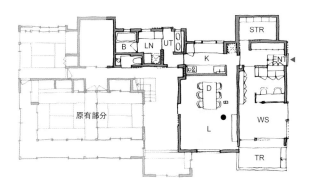

原有部分

一般人们都认为室内装饰的材质与颜色统一时，空间整体感会更强，给人的印象也更简洁。不过有时打破这种传统方式，反而会让空间更加统一。

本案例是一栋翻新住宅，改造时拆除了原有的天花板，提高了空间高度，并将用于收纳的阁楼空间展露在外。突出来的部分选用了一种与整体空间颜色和材质相异的材料，这样就强调了其在整体空间中的存在感，让空间的结构更加清晰。

DIAGRAM 示意图

与墙壁的颜色和材质相同

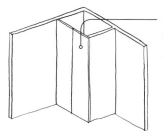

收纳空间的表面装饰材料颜色和材质与墙壁相同，凹凸部分更加引人注意

改变颜色和材质，造型更加简洁

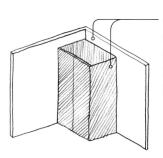

使用颜色和材质不同的材料，同时位置与墙壁错开。作为空间中的单独置入物，反而使空间造型更加简洁

改变表面装饰材料，空间设计更加简洁

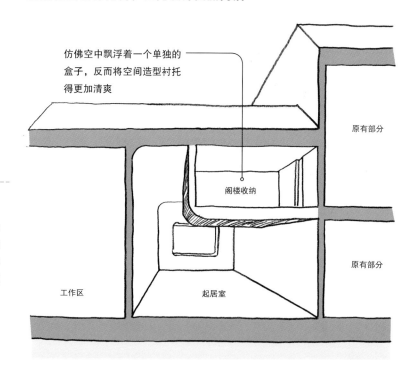

仿佛空中飘浮着一个单独的盒子，反而将空间造型衬托得更加清爽

原有部分

阁楼收纳

原有部分

工作区

起居室

天花板倾斜设计，大空间也 收获安宁

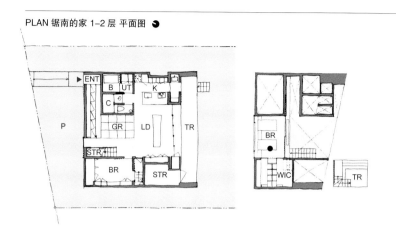

PLAN 锯南的家 1-2 层 平面图 ●

这所住宅利用天花板将住宅的一、二层连接成为一个整体空间。

二层采用中空设计，留出了开阔的挑高空间，虽然营造出了开放感，但也容易让人感到不安。因此，本案例保留了水平方向的开阔感，同时采用倾斜式的天花板设计，让空间整体显得更加安宁。

DIAGRAM 示意图

不改变天花板的大开敞空间

降低天花板的高度，赋予空间宁静感

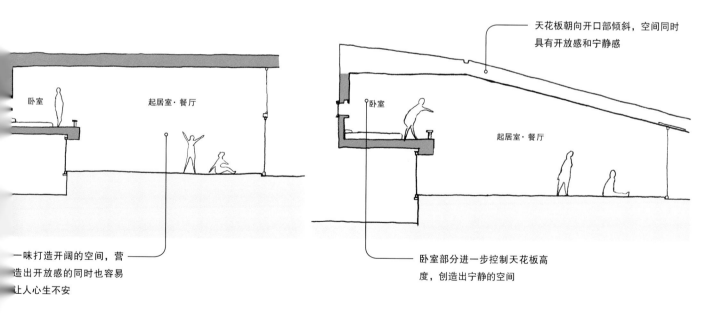

天花板朝向开口部倾斜，空间同时具有开放感和宁静感

卧室

起居室·餐厅

卧室

起居室·餐厅

一味打造开阔的空间，营造出开放感的同时也容易让人心生不安

卧室部分进一步控制天花板高度，创造出宁静的空间

在窗口前安设长椅，营造安心感

通常在席地而坐的空间里，我们可以把开口部的高度设计得低一些，以获得宁静的感觉。但由于这个房间位于住宅的二层，当人背对着窗口坐下时，仿佛飘浮于空中而无法安心。

因此我们在窗口前设置了距地面高30厘米的座席区。这样便可轻松消除不安的感觉。座席区深度为85厘米，下方的空间还可以用于收纳。

DIAGRAM 示意图

不设座席，难以静心

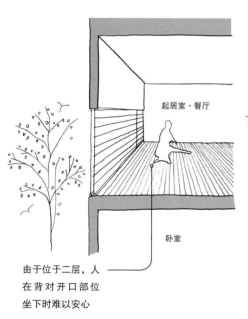

由于位于二层，人在背对开口部位坐下时难以安心

安设座席，获得安心

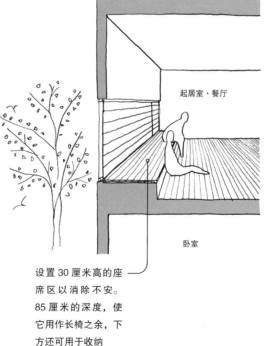

设置30厘米高的座席区以消除不安。85厘米的深度，使它用作长椅之余，下方还可用于收纳

85厘米的深度，人可以轻松盘腿坐下

降低地面，突出沉静感和
住宅与庭院的连续性

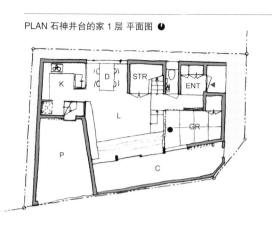

考虑到来自马路对面的邻居家二层的视线，这所住宅在道路边界建起了围墙。但是如果围墙过高，则会给行人带来压迫感。

因此，我们降低了起居室的地面，围墙就可以不用太高。下挖地面时，如果边角处垂直处理会切断住宅与庭院间的连续感。因此将衔接处的地面设计为坡状，使其与庭院自然相连，低矮的地面也让空间更加沉静。

DIAGRAM 示意图

单纯降低地面，空间了无生趣　　　**降低地面高度，边缘做山坡状处理，创造连续感**

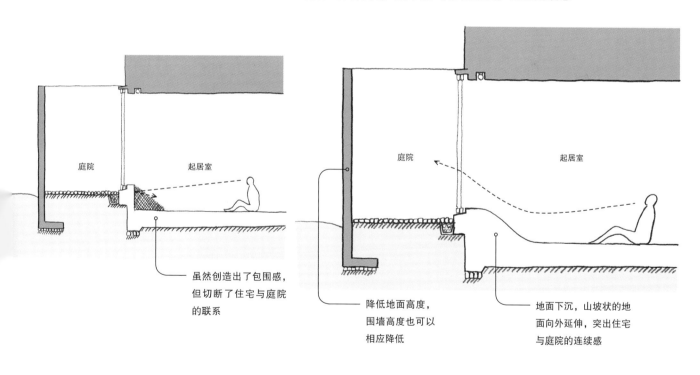

庭院　　起居室

虽然创造出了包围感，但切断了住宅与庭院的联系

庭院　　起居室

降低地面高度，围墙高度也可以相应降低

地面下沉，山坡状的地面向外延伸，突出住宅与庭院的连续感

镜柜嵌于墙壁内侧，盥洗台与外界相连

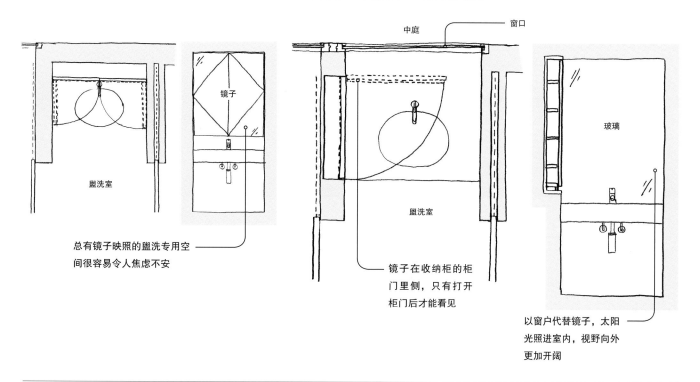

盥洗台上带收纳功能的镜子十分常见。虽然镜柜使用起来方便称手，但生活中不会每时每刻都用到镜子。因此，本案例将收纳空间嵌于侧墙，镜子则安装在收纳门里侧，只有打开柜门时才能看到镜子。

这样，在原来安装镜子的地方就可以设计一扇窗户。原本总是有镜子映照，容易令人不安的洗漱空间也摇身一变，成为光照良好、视野开阔的一处舒适角落。

DIAGRAM 示意图

盥洗台上是镜柜

盥洗室

镜子

盥洗室

总有镜子映照的盥洗专用空间很容易令人焦虑不安

盥洗台与室外相连，空间更加明亮

中庭

窗口

盥洗室

玻璃

镜子在收纳柜的柜门里侧，只有打开柜门后才能看见

以窗户代替镜子，太阳光照进室内，视野向外更加开阔

统一材料的收口和角线，直观
塑造出空间感

PLAN 胜濑的家 1 层 平面图 ◑

所谓"空间"，其实也就是被墙壁、天花板和地面所包围的空气块。为了能让人直观感受到这个空气块，需要隐去多余的角线。

多余的角线不仅会让人感觉繁琐，同时也会分散人的注意力，从而破坏由空气块构成的单纯空间。

如果在处理天花板与墙壁的角线时，注意调整墙面基底，就能将走廊入口的角线与该房间墙壁和天花板的角线合并为同一条线。

DIAGRAM 示意图

表面材料收口不整齐，空间感觉繁琐　　　**表面材料整齐收口，凸显空间感**

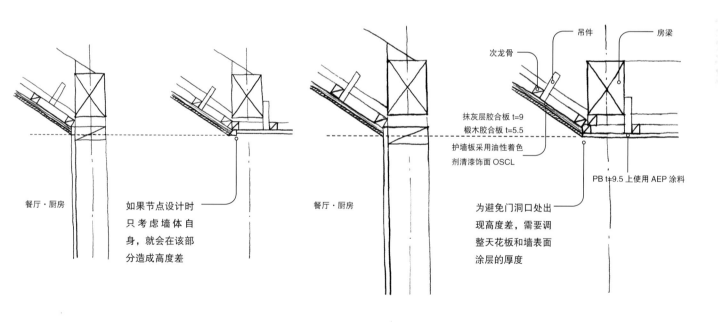

餐厅·厨房

如果节点设计时只考虑墙体自身，就会在该部分造成高度差

次龙骨　　吊件　　房梁

抹灰层胶合板 t=9
椴木胶合板 t=5.5
护墙板采用油性着色剂清漆饰面 OSCL

PB t=9.5 上使用 AEP 涂料

餐厅·厨房

为避免门洞口处出现高度差，需要调整天花板和墙表面涂层的厚度

降低门的存在感，使空间
更加沉静

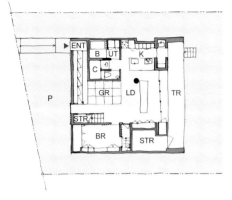

削弱门的存在感会使空间整体更加沉静。

门虽然是动线上不可或缺的组成部分，但普通门的设计会给人以复杂的印象。在传达出门这一印象时，也就意味着这里是出入口，会在无意识中让人感到紧张。因此，为了赋予空间心理上的沉静感，我们在门的细节设计上下了一番功夫，使门能够与墙面处于同一平面。

DIAGRAM 示意图

普通房门十分显眼

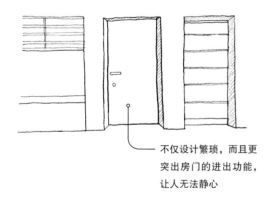

不仅设计繁琐，而且更突出房门的进出功能，让人无法静心

门隐身于墙中

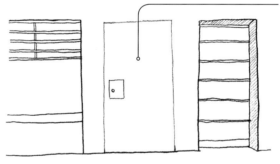

门与墙面处于同一平面，降低门的存在感，空间显得更加沉静

向外开的门通常只与外侧墙壁处于同一平面，这样在房间内部便会出现与墙壁厚度相当的凹陷。而本案例加厚了门的厚度，使门的内侧也与墙壁处于同一平面

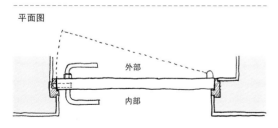

平面图

外部

内部

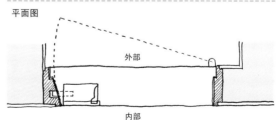

平面图

外部

内部

家电收纳于百叶窗内，室内空间
干净整齐

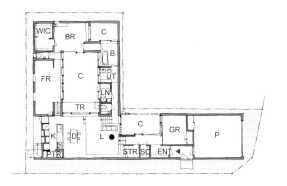

住宅中有各种各样的机器设备，如空调、空气净化器以及各种音视频设备等。这些都是生活的必需品，也是房间里必不可少的构成要素。

然而有时，这些设备无法完美融入居家环境，导致空间变得十分杂乱。因此，我们可以将这些设备藏于百叶窗之后来降低存在感。以空调为例，为保证使用时不会短路，我们需要精心设计。本案例中加宽了百叶窗的部分间隔，并使百叶窗片的一端更薄，以便排出空气。

DIAGRAM 示意图

巧妙隐藏不想展露在外的物品

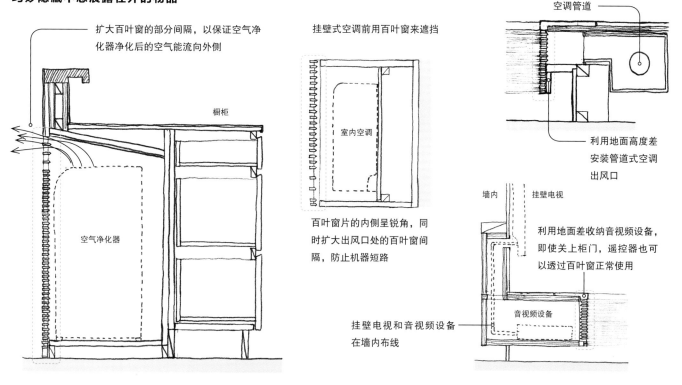

扩大百叶窗的部分间隔，以保证空气净化器净化后的空气能流向外侧

橱柜

空气净化器

挂壁式空调前用百叶窗来遮挡

室内空调

百叶窗片的内侧呈锐角，同时扩大出风口处的百叶窗间隔，防止机器短路

挂壁电视和音视频设备在墙内布线

空调管道

利用地面高度差安装管道式空调出风口

墙内　挂壁电视

利用地面差收纳音视频设备，即使关上柜门，遥控器也可以透过百叶窗正常使用

音视频设备

隐藏收纳柜门，削弱凌乱感

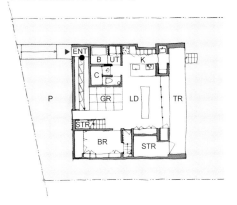

楼梯下方为收纳空间，如果安装普通的收纳柜门，生活气息太过突出。

对于住宅入口处的楼梯下方储物空间，设计时要尽可能不引人注意，以此保持空间的利落与简洁。

因此，在细部设计时，我们把楼梯侧面的滑动收纳柜门设计成与楼梯的形状相同的样式，以削弱门的存在感。

DIAGRAM 示意图

普通的柜门十分引人注意

收纳柜门破坏了楼梯的简约设计，生活气息过重

削弱滑动门的存在感

楼梯侧面可整体滑动，以削弱门的存在感

U 形导轨埋入地板下，以滑轮带动柜门。

五金挂件安装在门内侧，从外侧看不见门的零部件

踢脚板

踏板

滑动门

收纳区内部

五金挂件

内
开
门
与
墙
面
完
美
融
合

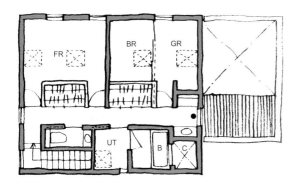

通常内开门的表面与外面一侧的墙面不处于同一平面上，因此墙壁上会有内陷的门洞，墙面看起来凹凸不平，不够美观。这是门套和门板之间的平面差所导致的。

这个案例则消除了这种墙面水平差，将门板和门套的形状调整为互相嵌套这一特殊的细部设计。

DIAGRAM 示意图

普通的设计墙面凹凸不平　　**墙面与门平齐，美观简练**

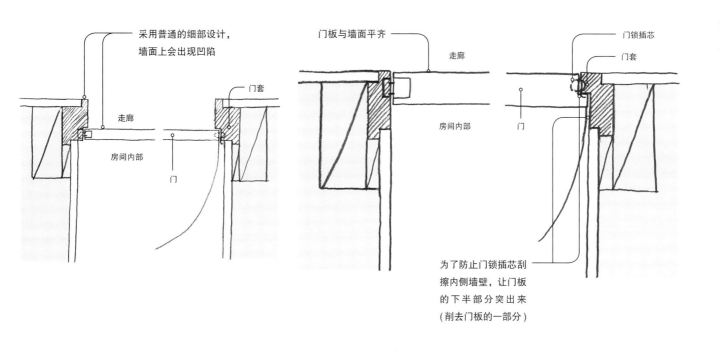

消除厨房墙面的凹凸之处，打造整齐简洁的空间

不平整的墙面会给人以繁琐的印象。但在有些地方，比如厨房，碗柜和冰箱等深度各有不同，凹凸不平的墙面是不可避免的。

本案例中将雨水槽安装在了碗柜内侧，使冰箱区的门和收纳门处于同一平面，消除了墙面上的凹凸之处。

DIAGRAM 示意图

保留凹凸不平的墙面

冰箱深度大约在 650~700 毫米，碗柜深度约为 450 毫米，并排摆放后表面凹凸不平，给人以繁琐的印象

墙面平齐，空间规整

内侧安置雨水槽，限制了收纳部分的深度，使它与冰箱区的门处于同一平面

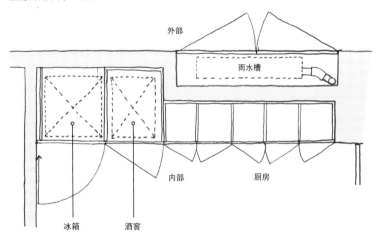

改变空间的整体印象与表现并不是指简单地改变表面装饰材料或使用照明增强冲击性。

我们在前面 7 章中已经讲到，多种多样的空间处理手法可以改变建筑物的印象与表现方式。同时，细节处的精巧处理更为建筑物增添品位。

低调而不露声色地改变空间的印象与表现方式，也能更好地保证人的居住需求。

第 8 章

细部设计：

改变空间的整体印象

配合建筑物外形设计楼梯，

打造有活力的空间

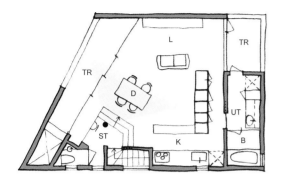

受基地一侧斜坡的影响，屋顶有时我们也会设计成由北向南上升的单坡结构。在设计内部空间时，我们从天花板最低处开始，沿斜坡设计室内楼梯的走向。

通常，当我们走上楼梯，与天花板的距离会越来越近，很容易感到压抑，而本案例采用的设计则让人愈感开阔。在合乎法规限定的建筑形状中，凭借简单的设计手法便能创造出有活力的空间。

DIAGRAM 示意图

水平天花板会造成压迫感

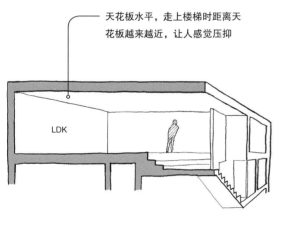

天花板水平，走上楼梯时距离天花板越来越近，让人感觉压抑

沿天花板斜坡上升的楼梯让人情绪高涨

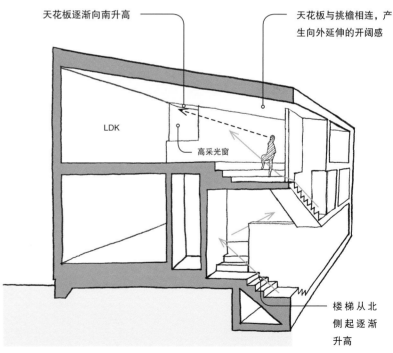

天花板逐渐向南升高

天花板与挑檐相连，产生向外延伸的开阔感

高采光窗

楼梯从北侧起逐渐升高

改变地面高度，创造自主

体验变化的空间

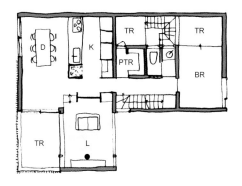

这所住宅内部的地面高度富于变化，但天花板始终处于同一平面上。这与地面高度不变，只改变天花板高度的手法是相通的，但空间体验和给人的印象却截然不同。

虽然我们所处位置的地面高度会发生变化，但天花板的高度一直不变，在这样的空间里移动的时候，会有一种主动探寻空间变化的感觉。

DIAGRAM 示意图

地面持平，改变天花板高度，被动接受空间变化

在天花板高度不同的场所移动时，虽然空间给人的印象也会改变，但是和自主体验空间变化是完全不同的

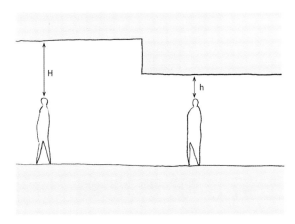

天花板持平，改变地面高度，主动体验变化

地面高度变化时，人可以通过自己的移动来体验空间变化

自主地选择进入或高或低的空间的感觉让我们与空间的关系更加密切

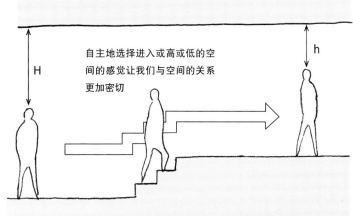

多边形天花板，赋予空间
丰富的表现力

PLAN 砧的家 2 层 平面图 🌙

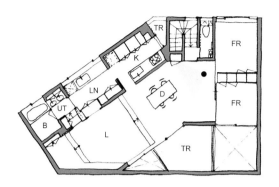

该空间的天花板被墙壁围合成不规则的多边形。因此当阳光照进室内时，各面墙壁反射光线的明暗程度各不相同，与天花板形状规整的空间相比，光线更加变幻多样。此外，还可以欣赏到随时间推移而变化的丰富的光影效果。

如果天花板选择米色等颜色，不用纯白色，那么每面墙的色彩和光线变幻则更加鲜明，空间变化也更加丰富。

DIAGRAM 示意图

方正的天花板缺少变化

阳光照在规整的方形天花板上会产生渐变效果，但无明显变化。即便刷成彩色，光影同样变化甚微

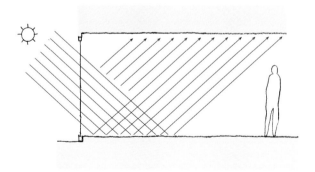

多边形天花板变化多样

天花板各边的角度不一，其明暗程度也因此丰富多样。如果天花板为彩色，那么各面墙壁的色差也更为显著，光影变化丰富多彩

根据角度不同，每面墙的明暗程度和颜色都大不相同

天花板呈多边形，各个墙面的表现形式丰富

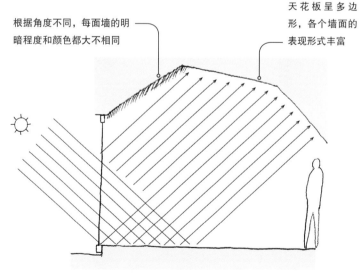

利用天花板的高度变化，创造
多样的生活空间

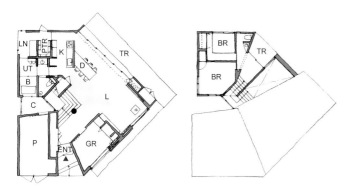

空间会因为天花板的变化而变化。随着天花板高度的不同，人也会随之完成从坐姿到站姿，再到席地而坐等一系列姿势变化。

另外，在各个位置上，改变人们朝向方位的不同，也会令人感觉身处完全不同的场所。只要改变天花板的高度，便能让人感受到不一样的空间。

DIAGRAM 示意图

天花板高度不变，空间了无趣味

只是改变视线高度而不改变天花板高度，无法感觉到空间变化，空间的多样性也无从提起

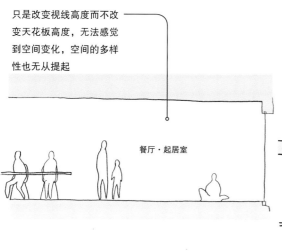

餐厅·起居室

生活方式随天花板高度而变

天花板高度改变后，人在各个位置上朝向的方向变了，就能感受到完全不同的空间体验

露台

餐厅·起居室

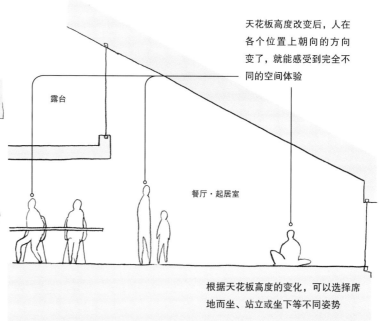

根据天花板高度的变化，可以选择席地而坐、站立或坐下等不同姿势

平缓的钝角转角创造深度

与期待

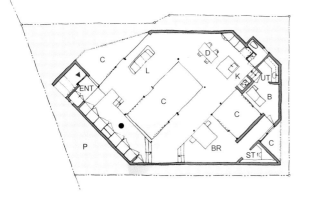

走廊和通道的设计可以改变人们对空间的认知与预期。例如在经过一个转折平缓的钝角转弯处时，视野会伴随着人的移动而慢慢改变，这样便营造出了深邃之感。

而当转弯处呈直角或锐角时，则很难产生期待感或者深入某处的感觉。

呈直线的通道和曲线延伸的通道，在空间感觉上也大有不同。

DIAGRAM 示意图

尽头感强烈的直角、锐角通道

转角呈直角时，会感觉迎面而来的便是道路尽头

转角呈锐角时，移动过程中会感到压抑

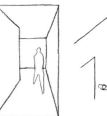
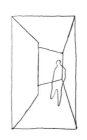

曲线与钝角通道创造深邃之感

转角为钝角时会让人产生深入某处之感，对前方空间的期待感也油然而生

曲线是一系列钝角的集合，可营造出连续的深邃感

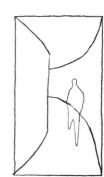

以地板收边的厚度打造
空间的沉稳

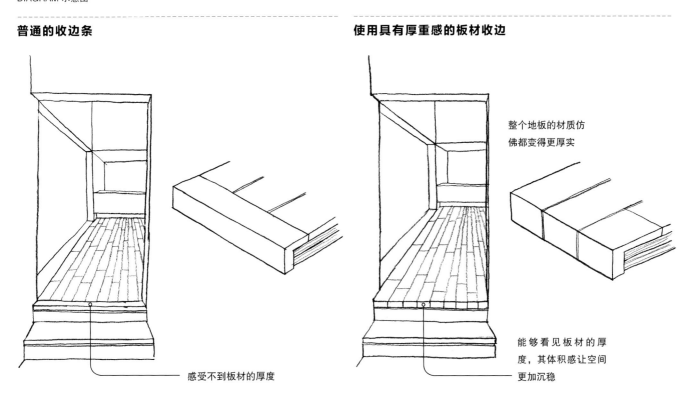

地板边缘的细节设计虽然看起来不起眼，但其实对空间的整体印象有着很大的影响。

本案例在地板边缘的木材切口处铺设了材质较厚的木板，赋予空间沉着稳重的印象。与常见的收边形式相比，这样的设计让空间本身的感觉也焕然一新。

DIAGRAM 示意图

普通的收边条

使用具有厚重感的板材收边

整个地板的材质仿佛都变得更厚实

感受不到板材的厚度

能够看见板材的厚度，其体积感让空间更加沉稳

悬浮感家具更添开阔与轻快

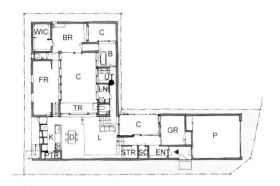

在盥洗室等小空间内，如果将盥洗台和收纳柜直接做成落地式，会让人感觉空间更狭小。

而如果将家具从地面抬高约20厘米，便可以看见深处的地面，房间也看起来更加开阔，与直接落地摆放家具相比，空间感觉也更加轻快。

DIAGRAM 示意图

家具落地摆放更显逼仄

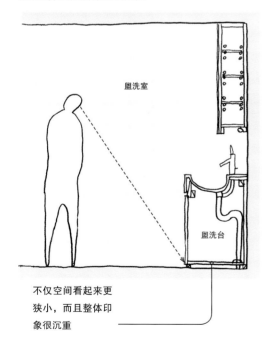

盥洗室

盥洗台

不仅空间看起来更狭小，而且整体印象很沉重

悬浮感家具使房间更加开阔

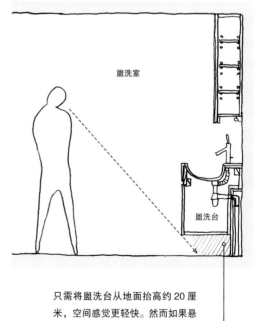

盥洗室

盥洗台

只需将盥洗台从地面抬高约20厘米，空间感觉更轻快。然而如果悬浮高度过高，则让人感觉家具是嵌在墙上的，也会削弱漂浮感

地面降低 70 厘米，提高整体宜居性

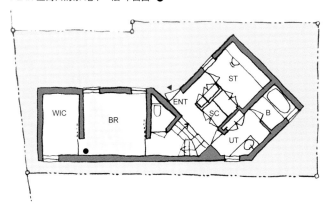

PLAN 上高田的家 地下一层 平面图 ◐

由于建筑基地北侧坡地的限制，我们通过下挖地面，使室内地面比地基面低70厘米，以此来控制建筑物的整体高度。

这栋建筑共三层，第一层层高的三分之一都在地下，因此相当于地下室，住宅也就不属于三层建筑了。并且，天花板到地基面的距离在1米以内，因此地下室的容积率也得以放宽。

DIAGRAM 示意图

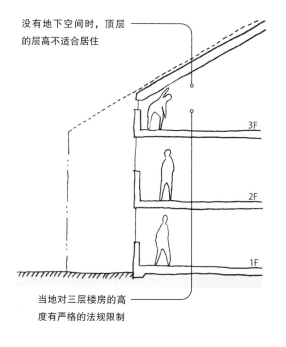

不设地下空间

没有地下空间时，顶层的层高不适合居住

3F

2F

1F

当地对三层楼房的高度有严格的法规限制

下挖 70 厘米，创造地下空间

在建筑高度限制十分严格的地区，下挖地面可以提高顶层的宜居性

下挖的 70 厘米和矮桌的高度相当，而其一半的 35 厘米则与长椅高度相同，也可以借此进行这样的设计

2F

1F

3/1CH=700   CH=2100   B1F

层高是住宅所允许的最低高度。层高的三分之一位于地下，因此被视为地下室

以曲面墙创造深邃感和表现力

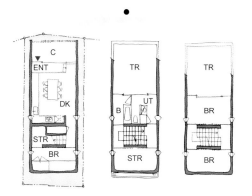

阳台的墙体呈弯曲的弧形朝向天空，光线在墙壁上呈现出渐变效果，更具深邃感。

曲面墙上光影交织变幻，赋予空间更连贯而多样的表现方式。

DIAGRAM 示意图

直角墙壁表现单调

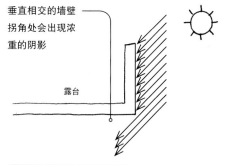

垂直相交的墙壁拐角处会出现浓重的阴影

露台

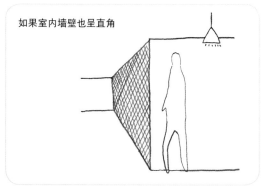

如果室内墙壁也呈直角

曲面墙具有连贯性与深邃感

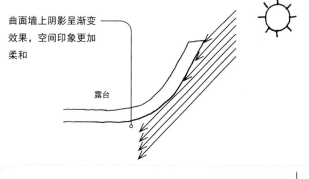

曲面墙上阴影呈渐变效果，空间印象更加柔和

露台

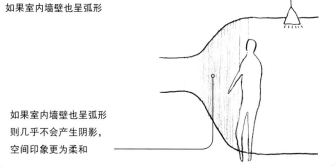

如果室内墙壁也呈弧形

如果室内墙壁也呈弧形则几乎不会产生阴影，空间印象更为柔和

利用透视效果削弱体积感

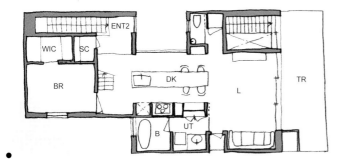

这所住宅虽然使用了耐候钢和混凝土等相当有重量感的材料，但却没有压迫感。为了达到这一目的，我们首先从体积上将住宅分成四份，并按照从大到小的顺序来排列。

结合透视效果，住宅看起来就像一长排向内延伸的建筑，从而削弱了垂直方向上的压迫感。设计时也考虑到了住宅与周围街区的协调性，开窗部位均设在各部分交错的位置，同时利于采光和通风。

DIAGRAM 示意图

一体建筑会造成压迫感

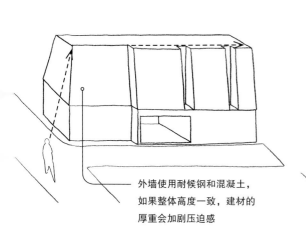

外墙使用耐候钢和混凝土，如果整体高度一致，建材的厚重会加剧压迫感

分割体积，改变高度

分割整体体积，在各部分交错的位置设置开窗，用于采光和通风

各部分的体积向内侧逐渐变小，产生透视效果，看起来仿佛是一排很长的建筑物

右侧是道路尽头，因此主要考虑从左侧看向建筑物时的效果

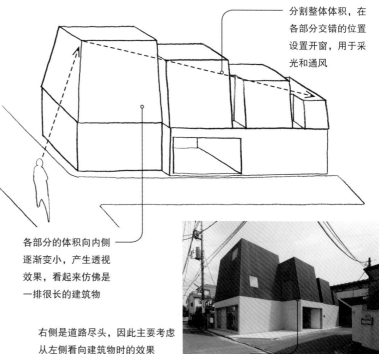

排水管采用柱形设计

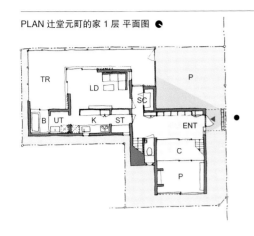

通常我们希望让玄关或门廊看起来干净利落，但排水管却十分引人注意。本住宅的排水管被设计在玄关前的墙体内部。

为降低排水管的存在感，可通过排水坡将雨水引向建筑物的一侧再收集，然后在玄关门的侧面安装排水管，同时顶棚前端设有排水雨链。不过最理想的还是完全隐藏排水管。因此我们将支撑顶棚的其中一根支柱设计成排水管。

DIAGRAM 示意图

排水管的多种安装方法

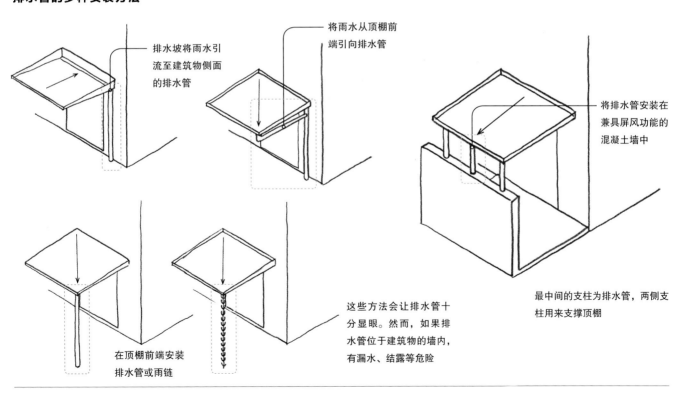

排水坡将雨水引流至建筑物侧面的排水管

将雨水从顶棚前端引向排水管

将排水管安装在兼具屏风功能的混凝土墙中

在顶棚前端安装排水管或雨链

这些方法会让排水管十分显眼。然而，如果排水管位于建筑物的墙内，有漏水、结露等危险

最中间的支柱为排水管，两侧支柱用来支撑顶棚

"雪之下的家"

——自宅设计

注重私密性的生活空间位于一层黑色雪松木板围成的木箱之中，木箱上方的二层空间仅有屋顶遮盖，空间向四周开放，将绿意盎然的周边环境充分吸纳进自己家中。

绿意盎然的住宅 洋溢着古都风情

　　这是笔者自己的住宅，位于镰仓中心一座山丘的半山腰。住宅的四周植被环绕，只有一段蜿蜒在山坡杂木林之中的阶梯通往住宅。从半山腰至山顶共有近20个村落。

　　由于房前的引路台阶只通往自家住宅一个去处，所以除住户之外，几乎没有人能够走到这里。充满绿意的安静的生活环境，仍然保有经时光雕刻而成的镰仓风情。走进这里，远离街道喧嚣，仿佛误入其他时空，笼罩在独特的氛围之中。这种独特的宁静氛围正是我选择此地的原因。

通过缩小窗户的大小，在其上下营造出阴影效果，既突出了室外绿植的美丽，又将令人静心的阴影带入室内。同时隐去窗框，保证了内外的连续性。阳光映照在室内墙壁上，进一步凸显了水泥地面的质感。

右图：窗户距地面 40 厘米。

最右图：两级台阶共高 40 厘米，皆可席地而坐，让人可以在这里停留驻足。

左图：隐去光源，控制房间的采光量。阳光仅能从床上方的窗口进入室内，从而给人以向上的期待感以及空间的深邃感。

右图：房间中的布局构成了回游动线，
可以让人畅通无阻地在家中自由跑动。

下图：钢制楼梯作为家务动线连接二层厨房
与一层晾衣区，对实现住宅整体的回游性起
到了重要作用。因为提供了更便捷的动线，
看到楼梯便会产生心理上的安慰。

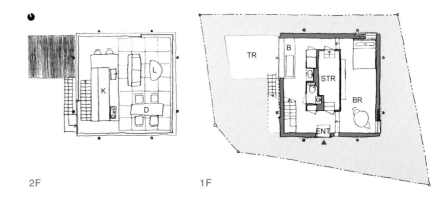

2F   1F

一层木箱，二层玻璃箱

院落的外墙后移，与邻居家基地的边界线和道路边界线分别隔出1米和1.5米的距离。住宅用地中央刚好可以容纳6.9米见方的双层建筑。一层是对外封闭的箱体，私密性极高，集中了卫浴、家电设备等。

正方形平面的中心是上下打通的储藏间、厨房、空调等集中功能区。四周是由玄关、浴室、卧室共同构成的回游空间。采用正方形的平面设计是为了提高空间的利用率。

二层在正方形平面外侧的每一边都安设了两根钢柱承托屋顶，远看仿佛是木箱上方的空气在支撑着方形屋顶。室内不设墙壁或支柱，家中常见的空调、冰箱、厨房换气扇等都藏于橱柜中，完全看不到。

将储物空间集于一体的黑色木箱是回游设计中的一环。回游设计使动线具有连贯性。同时，减少了空间整体的采光量，使视觉重点集中在较小的开窗部位，为空间创造出浓淡各异的阴影，增加了连续空间的深度。地面高度差柔和地划分出各个空间，高低不同的地面和固定高度的天花板则给人以心理上的变化。

从内部看，方形屋顶仿佛是一顶轻飘飘的帐篷。
将水平连续的落地窗上端高度控制在 1.6 米，人
站立时便会感到被屋顶包裹着的安心感，而坐下
时又觉得视野通透，极具开放感。白色天花板的
四边会随着时间变化呈现出不同的光影效果，使
空间每时每刻都具有不同的表情。

不是发明空间，而是发现空间

　　二层四面开放，与室外空间融为一体。同时，将屋檐高度降至1.6米，营造出被屋顶包裹着的拥抱感。由于住宅地处丘陵地带，与周围土地有一定的高低差，因此通过降低屋檐高度便能够躲避邻家的视线。即便四面都是落地玻璃，在日常生活中也无需安装窗帘。

　　我一直期待着去发现一个好的空间，而不是发明一个空间。在我的家中，我可以通过自己的身体去感知这片土地的气息，读懂这片土地的诉求，并发现应该存在于此的空间。

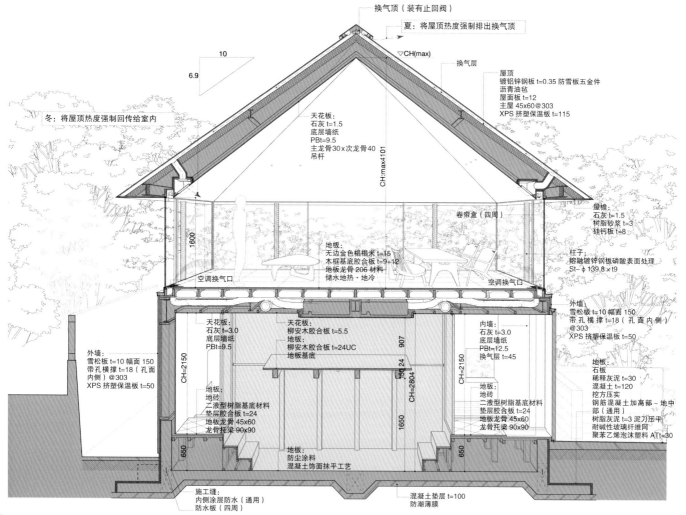

备注：建筑图纸中的"t"表示厚度，单位默认为mm。

右：开放的浴室如同家中的一口井泉，赋予空间以多样的变化。设计时尽可能地隐去了遮挡视线的隔断以及浴缸周围立起的部分，在不破坏空间连贯性的前提下，保证视野通畅。

左：浴室采用了特殊的饰面材料。浴室地板和浴缸均以十和田石打造而成。开放的空间与美观的饰材，给原本使用时间极短的浴室赋予了全新的面貌。

降低浴室的推拉门门洞位置，并安设凉亭来遮挡外界视线，开放式的浴室也无需担心周围视线。这种控制视线的方式，使浴室在非沐浴时间可用作室内采光口，而且视野直达庭院，空间感更加开阔。

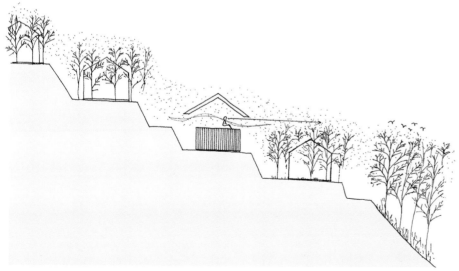

住宅地处斜坡，室内地面与周围环境高低不同，不过，视线也恰好因此畅通无阻。以村落中的台阶小路引路，只有住户可以通行至此。也只有先行欣赏了周边萦绕的郁郁葱葱后，才会真正读懂这处居住空间。

附录

本书中的作品一览（按竣工时间顺序）

■ 宫前平的家 [125 页] ●

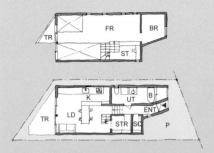

所在地:神奈川县川崎市 建筑结构:木结构 规模:地上2层

总建筑面积:80.09 ㎡ 竣工时间:2006.04

■ 三泽的家 [55 页] ●

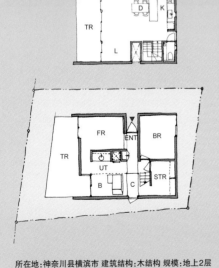

所在地:神奈川县横滨市 建筑结构:木结构 规模:地上2层

总建筑面积:84.22 ㎡ 竣工时间:2006.06

■ 城崎海岸的家 [61,83,107,127,171 页] ●

所在地:静冈县伊东市 建筑结构:木结构 规模:地上2层

总建筑面积:128.78 ㎡ 竣工时间:2006.09

■ 梶谷的家 [85,181 页] ●

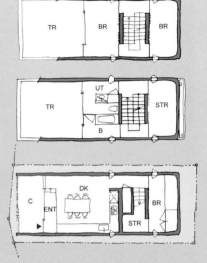

所在地:神奈川县川崎市 建筑结构:钢筋混凝土 规模:地上3层

总建筑面积:114.72 ㎡ 竣工时间:2007.06

■ 锯南的家 [39,143,149,153,157,161 页] ●

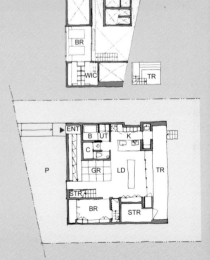

所在地:千叶县安房郡 建筑结构:木结构 规模:地上2层

总建筑面积:121.87 ㎡ 竣工时间:2008.05

由比滨的家 [129 页] ◗

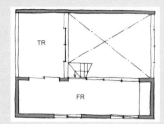

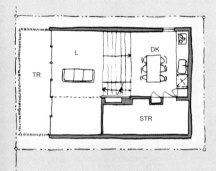

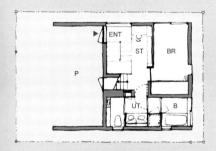

所在地:神奈川县镰仓市 建筑结构:木结构 + 钢筋混凝土

规模:地下1层地上2层

总建筑面积:114.63 ㎡ 竣工时间:2008.08

鹤岛的家 [15 页] ◗

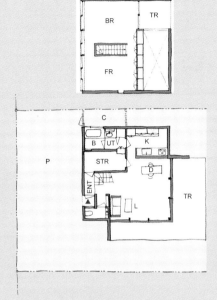

所在地:埼玉县鹤岛市 建筑结构:木结构 规模:地上2层

总建筑面积:94.47 ㎡ 竣工时间:2009.04

砧的家 [97,169 页] ◖

所在地:东京都世田谷区 建筑结构:木结构 规模:地上2层

总建筑面积:166.26 ㎡ 竣工时间:2009.09

樱的家 [87,183 页] ◗

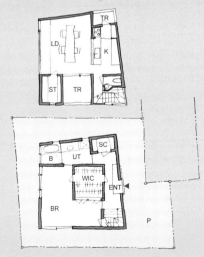

所在地:东京都世田谷区 建筑结构:钢结构 + 钢筋混凝土

规模:地上3层

总建筑面积:158.35 ㎡ 竣工时间:2011.03

贯井的家 [43,45,71,145 页] ◖

所在地:东京都练马区 建筑结构:木结构 规模:地上2层

总建筑面积:87.27 ㎡ 竣工时间:2011.04

▌富士见丘的家 [3,5,7,9,35,63,73,79 页] 🕐

所在地:栃木县宇都宫市 建筑结构:木结构 规模:地上1层
总建筑面积:92.03 ㎡ 竣工时间:2011.05

▌石神井台的家 [53,147 页] 🕐

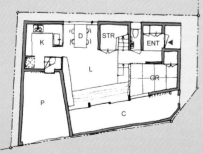

所在地:东京都练马区 建筑结构:木结构 规模:地上2层
总建筑面积:94.60 ㎡ 竣工时间:2011.08

▌榴冈的家 [67 页] 🕐

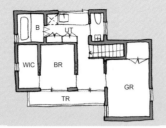

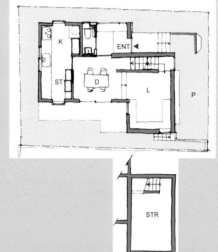

所在地:东京都调布市 建筑结构:木结构 + 钢筋混凝土
规模:地下1层地上2层
总建筑面积:86.36 ㎡ 竣工时间:2011.11

▌滨北的家 [37,105,175 页] 🕐

所在地:静冈县滨松市 建筑结构:木结构 规模:地上1层
总建筑面积:85.69 ㎡ 竣工时间:2012.03

▌鹭沼的家 [19 页] 🕐

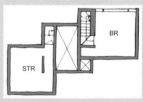

所在地:神奈川县川崎市 建筑结构:木结构 + 钢筋混凝土
规模:地下1层地上2层
总建筑面积:94.41 ㎡ 竣工时间:2012.07

▌守谷的家 [23,33,117,135,155,177 页] 🌙

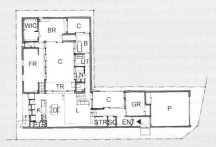

所在地:茨城县守谷市 建筑结构:木结构＋钢筋混凝土

规模:地上2层

总建筑面积:197.86 ㎡ 竣工时间:2012.09

▌小金井的家 [109,111 页] 🌔

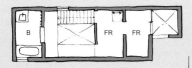

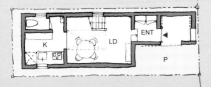

所在地:东京都小金井市 建筑结构:木结构 规模:地上3层

总建筑面积:72.21 ㎡ 竣工时间:2012.11

▌东村山的家 [57,59,81,115,123,173 页] 🌘

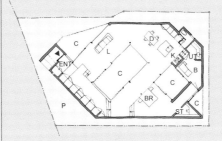

所在地:东京都东村山市 建筑结构:钢骨结构 规模:地上1层

总建筑面积:126.52 ㎡ 竣工时间:2012.12

▌上高田的家 [65,89,179 页] 🌑

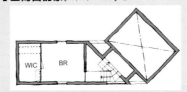

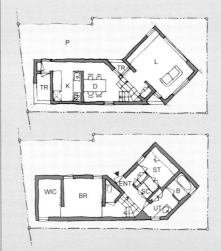

所在地:东京都中野区 建筑结构:木结构＋钢筋混凝土

规模:地下1层地上2层

总建筑面积:92.79 ㎡ 竣工时间:2013.03

▌箱森町的家 [11,77 页] 🌘

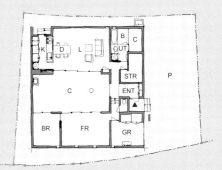

所在地:栃木县栃木市 建筑结构:木结构 规模:地上1层

总建筑面积:110.90 ㎡ 竣工时间:2013.06

▌Tama Plaza 的家 [29,119 页] 🌒

所在地:神奈川县横滨市 建筑结构:木结构＋钢筋混凝土

规模:地下1层地上2层

总建筑面积:219.15 ㎡ 竣工时间:2013.11

▌常盘的家 [21,27,49 页] ↩

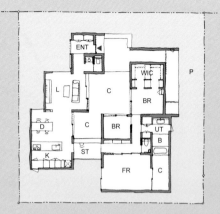

所在地：神奈川县镰仓市 建筑结构：木结构 规模：地上1层

总建筑面积：123.03 ㎡ 竣工时间：2014.03

▌胜濑的家 [13,25,95,133,137,151 页] ◐

所在地：埼玉县富士见野市 建筑结构：木结构 规模：地上1层

总建筑面积：119.49 ㎡ 竣工时间：2014.03

▌深泽的家 [91,131,165 页] ↩

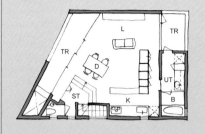

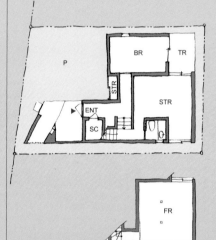

所在地：东京都世田谷区 建筑结构：木结构 + 钢筋混凝土

规模：地下1层地上2层

总建筑面积：129.06 ㎡ 竣工时间：2014.06

▌辻堂元町的家 [113,185 页] ↻

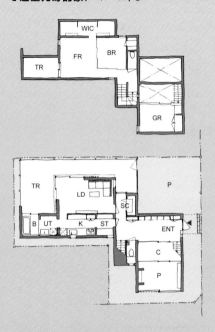

所在地：神奈川县藤泽市 建筑结构：木结构 规模：地上2层

总建筑面积：136.08 ㎡ 竣工时间：2014.06

▌**东尾久的家** [41,93,99,167 页] ➋

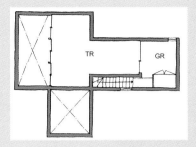

所在地:东京都荒川区 建筑结构:木结构 规模:地上3层

总建筑面积:135.98 ㎡ 竣工时间:2014.09

▌**有马的家（改建）** [47,141 页] ➋

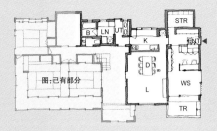

图:已有部分

所在地:神奈川县川崎市 建筑结构:改建(木结构)

规模:地上2层内有1层

总建筑面积:85.46 ㎡ 竣工时间:2015.09

▌**新町的家** [17,69,101,159 页] ☽

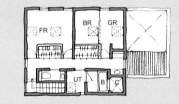

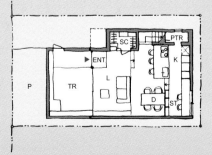

所在地:东京都国分寺市 建筑结构:木结构 规模:地上2层

总建筑面积:93.16 ㎡ 竣工时间:2016.02

▌**雪之下的家** [186 页] ☾

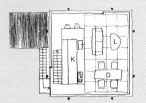

所在地:神奈川县镰仓市 建筑结构:钢骨结构 规模:地上2层

总建筑面积:95.22 ㎡ 竣工时间:2016.06

日系美宅：打动人心的家这样设计

作　　者：[日]杉浦英一 著

ＩＳＢＮ：978-7-122-28861-5

定　　价：69.00

开　　本：16

住宅设计终极解剖书：日本建筑师的居住智慧

作　　者：（日）黑崎敏 著

ＩＳＢＮ：978-7-122-31780-3

定　　价：79.00

开　　本：16

人气住宅格局设计

作　　者：[日]合作住宅一级建筑师事务所 著

ＩＳＢＮ：978-7-122-40281-3

定　　价：68.00

开　　本：16

住宅设计创意与细部节点图解

作　　者：（日）彦根安德丽娅 著

ＩＳＢＮ：978-7-122-38613-7

定　　价：158.00

开　　本：16